Subash Chandra Mishra
Anupama Sahu

Revestimento de alumina-Titânia sobreposto em metais

Subash Chandra Mishra
Anupama Sahu

Revestimento de alumina-Titânia sobreposto em metais

Modificação da superfície

ScienciaScripts

Imprint

Any brand names and product names mentioned in this book are subject to trademark, brand or patent protection and are trademarks or registered trademarks of their respective holders. The use of brand names, product names, common names, trade names, product descriptions etc. even without a particular marking in this work is in no way to be construed to mean that such names may be regarded as unrestricted in respect of trademark and brand protection legislation and could thus be used by anyone.

Cover image: www.ingimage.com

This book is a translation from the original published under ISBN 978-3-659-53535-2.

Publisher:
Sciencia Scripts
is a trademark of
Dodo Books Indian Ocean Ltd. and OmniScriptum S.R.L publishing group

120 High Road, East Finchley, London, N2 9ED, United Kingdom
Str. Armeneasca 28/1, office 1, Chisinau MD-2012, Republic of Moldova, Europe
Printed at: see last page
ISBN: 978-620-7-77709-9

PRELÚDIO

Os revestimentos de alumina-Titânia são excelentes candidatos para proporcionar proteção contra o desgaste abrasivo e resistência à erosão a altas temperaturas. Estes revestimentos são desejáveis em aplicações de isolamento elétrico e anti-desgaste, nomeadamente como revestimentos protectores para veios de mangas, revestimentos de termopares, veios de bombas, etc.

A pulverização por plasma está a ganhar aceitação no desenvolvimento de revestimentos de qualidade de vários materiais numa vasta gama de substratos. Os revestimentos efectuados por via de plasma apresentam excelente resistência ao desgaste, à corrosão e elevada resistência ao choque térmico, etc. A alumina pré-misturada com pó de titânia (Al_2O_3-13%TiO_2) é depositada em substratos de aço macio e cobre por pulverização de plasma atmosférico a vários níveis de potência de funcionamento que vão de 11 a 21kW.

Para estudar a adequação dos revestimentos para aplicações de resistência ao desgaste, são estudadas as propriedades de desgaste destes revestimentos. O comportamento ao desgaste por erosão destes revestimentos é avaliado com ensaios de erosão por partículas sólidas em várias condições de funcionamento. Para controlar a perda por desgaste num processo deste tipo, um dos desafios consiste em reconhecer as interdependências dos parâmetros, as correlações e os seus efeitos individuais no desgaste, de modo a que o revestimento possa ser útil para aplicações tribológicas.

É apresentada a análise estatística dos resultados experimentais utilizando o projeto experimental de Taguchi. Os parâmetros de pulverização, como o ângulo de impacto, a velocidade de impacto, a distância de afastamento e o tamanho do erodente, são identificados como os factores significativos que afectam o desgaste por erosão do revestimento. É também utilizado um modelo de previsão que utiliza redes neurais artificiais para simular as correlações entre propriedades e parâmetros, tendo sido obtida uma boa concordância entre os valores experimentais e os previstos. Esta análise torna claro que, através da escolha adequada das condições de processamento, é possível obter um revestimento cerâmico sólido e aderente com alumina e titânia.

ÍNDICE DE CONTEÚDOS:

CAPÍTULO 1
INTRODUÇÃO

1.1 ANTECEDENTES

A procura crescente de produtos de engenharia para trabalhar em ambientes de funcionamento severo exige uma conceção adequada da superfície. A conceção da superfície está normalmente relacionada com a textura e a química da superfície para contrariar possíveis modos de desgaste. Enquanto a textura da superfície é obtida por tratamento mecânico, a química da superfície é normalmente controlada por modificação da superfície sob a forma de revestimento/deposição.

A modificação da superfície é um termo genérico atualmente aplicado a um vasto campo de diversas tecnologias que podem ser aproveitadas para obter uma maior fiabilidade e um melhor desempenho dos componentes industriais. A procura incessante de uma maior eficiência e produtividade em todo o espetro das indústrias transformadoras e de engenharia assegurou que a maioria dos componentes modernos está sujeita a ambientes cada vez mais agressivos durante o funcionamento de rotina. Os componentes industriais críticos são, por conseguinte, susceptíveis de uma degradação mais rápida, uma vez que as peças não conseguem suportar os rigores das condições de funcionamento agressivas, o que tem vindo a afetar fortemente a economia da indústria. Num número esmagadoramente elevado de casos, a deterioração acelerada das peças e a sua eventual falha têm sido atribuídas a danos materiais provocados por ambientes hostis e também por movimentos relativos elevados entre superfícies de contacto, meios corrosivos, temperaturas extremas e tensões cíclicas. Simultaneamente, os esforços de investigação centrados no desenvolvimento de novos materiais para o fabrico estão a começar a produzir resultados decrescentes e parece improvável que quaisquer avanços significativos em termos de desempenho e durabilidade dos componentes possam ser feitos apenas através do desenvolvimento de novas ligas.

Em resultado do que precede, o conceito de incorporar superfícies artificiais capazes de combater os fenómenos de degradação que as acompanham, como o desgaste, a corrosão e a fadiga, para melhorar o desempenho, a fiabilidade e a durabilidade dos componentes, tem vindo a ganhar uma aceitação crescente nos últimos anos. O reconhecimento de que a grande maioria dos componentes de engenharia falham catastroficamente em serviço devido a fenómenos relacionados com a superfície alimentou ainda mais esta abordagem e levou ao desenvolvimento da vasta área interdisciplinar das modificações da superfície. Um revestimento protetor depositado para atuar como uma barreira entre as superfícies do componente e o ambiente agressivo a que está exposto durante o funcionamento é agora globalmente reconhecido como um meio atrativo para reduzir/suprimir significativamente os danos no próprio componente, actuando como a primeira linha de defesa. O revestimento é uma camada de material formada natural ou sinteticamente ou depositada artificialmente na superfície de um objeto feito de outro material, com o objetivo de obter as propriedades técnicas ou decorativas necessárias.

Os processos de tratamento de superfícies existentes dividem-se em três grandes categorias:

(a) Revestimentos de sobreposição:

Esta categoria inclui uma grande variedade de processos de revestimento em que um material diferente do material a granel é depositado no substrato. O revestimento é distinto do substrato na condição de revestido e existe uma fronteira clara na interface substrato/revestimento. A adesão do revestimento ao substrato é uma questão importante.

(b) Revestimentos de difusão:

A interação química do(s) elemento(s) formador(es) do revestimento com o substrato por difusão está envolvida nesta categoria. Os novos elementos são difundidos na superfície do substrato, normalmente a temperaturas elevadas, de modo a que a composição e as propriedades das camadas exteriores sejam alteradas em comparação com as da massa.

(c) Modificações térmicas ou mecânicas de superfícies:

Neste caso, a metalurgia existente na superfície do componente é alterada na região próxima da

3

superfície por meios térmicos ou mecânicos, normalmente para aumentar a sua dureza. O tipo de revestimento a ser efectuado depende da aplicação. Existem muitas técnicas disponíveis, por exemplo, galvanoplastia, deposições de vapor, pulverização térmica, etc. De todas estas técnicas, a pulverização térmica é popular devido à sua vasta gama de aplicabilidade, à adesão do revestimento ao substrato e à sua durabilidade. Tem emergido gradualmente como o método mais útil industrialmente para desenvolver uma variedade de revestimentos, para melhorar a qualidade de novos componentes, bem como para recuperar peças desgastadas/mal maquinadas.

A utilidade crescente e a adoção industrial da engenharia de superfícies é uma consequência dos avanços significativos recentes neste domínio. Foram dados passos muito rápidos em todas as frentes da ciência, do processamento, do controlo, da modelização, do desenvolvimento de aplicações, etc., o que a tornou uma ferramenta inestimável que é agora cada vez mais considerada como parte integrante da conceção de componentes. Atualmente, a modificação da superfície é melhor definida como "a conceção do substrato e da superfície em conjunto como um sistema para melhorar o desempenho de forma rentável, do qual nenhum deles é capaz por si só". O desenvolvimento de um revestimento adequado de elevado desempenho num componente fabricado com um metal ou liga de elevada resistência mecânica constitui um método promissor para satisfazer os requisitos em termos de propriedades de massa e de superfície de praticamente todas as aplicações imaginadas. As técnicas de revestimento mais recentes, juntamente com as tradicionais, são eminentemente adequadas para modificar uma vasta gama de propriedades de engenharia. As propriedades que podem ser modificadas através da adoção da abordagem de engenharia de superfícies incluem propriedades tribológicas, mecânicas, termomecânicas, electroquímicas, ópticas, eléctricas, electrónicas, magnéticas/acústicas e biocompatíveis.

O desenvolvimento da engenharia de superfícies tem sido dinâmico, em grande parte devido ao facto de ser uma disciplina da ciência e da tecnologia em que se confia cada vez mais para satisfazer todos os requisitos tecnológicos fundamentais dos dias de hoje: poupança de materiais, maior eficiência, respeito pelo ambiente, etc. A utilidade global da abordagem da engenharia de superfícies é ainda aumentada pelo facto de as modificações à superfície do componente poderem ser metalúrgicas, mecânicas, químicas ou físicas. Simultaneamente, a superfície objeto de engenharia pode abranger, pelo menos, cinco ordens de grandeza em termos de espessura e três ordens de grandeza em termos de dureza.

Nos últimos anos, impulsionados pela necessidade tecnológica e alimentados por possibilidades interessantes, têm proliferado novos métodos de aplicação de revestimentos, melhorias nos métodos existentes e novas aplicações. As tecnologias de modificação da superfície cresceram rapidamente, tanto em termos de encontrar melhores soluções como no número de variantes tecnológicas disponíveis, para oferecer uma vasta gama de qualidade e custo. O aumento significativo da disponibilidade de processos de revestimento de complexidade variada, capazes de depositar uma infinidade de revestimentos e de lidar com componentes de geometria diversa, garante que os componentes de todas as formas e dimensões imagináveis podem ser revestidos de forma económica.

Embora existam diferentes técnicas disponíveis para a deposição de materiais em substratos adequados, o processo de pulverização térmica está a ser amplamente utilizado para depositar revestimentos espessos para várias aplicações industriais. O tipo de pulverização térmica depende do tipo de fonte de calor utilizada e, consequentemente, a pulverização por chama (FS), a pulverização oxi-combustível a alta velocidade (HVOF), a pulverização por plasma (PS), etc., são abrangidas pela pulverização térmica. A pulverização por plasma utiliza as propriedades exóticas do meio de plasma para conferir novas propriedades funcionais a materiais convencionais e não convencionais e é considerada uma técnica de pulverização térmica altamente versátil e tecnologicamente sofisticada, em vez de ter um preço relativamente elevado para os consumíveis de pulverização.

A pulverização por plasma, um dos processos de pulverização térmica, é cada vez mais popular devido à sua versatilidade na pulverização de um grande número de materiais e está a ser objeto de investigação. Trata-se de uma indústria de grande dimensão com aplicações em revestimentos resistentes à corrosão, à abrasão e à temperatura e na produção de formas monolíticas e quase líquidas [1]. O processo pode ser aplicado para revestir uma variedade de substratos de forma e tamanho complicados, utilizando consumíveis metálicos, cerâmicos e/ou poliméricos. A taxa de produção do processo é muito elevada e a adesão do revestimento é também adequada. Uma vez que o processo é quase independente do material, tem uma gama muito ampla de aplicabilidade, por exemplo, como revestimento de barreira térmica, revestimento resistente ao desgaste, etc. Os revestimentos de barreira térmica são fornecidos para proteger o material de base, por exemplo, motores de combustão interna, turbinas a gás, etc., a temperaturas elevadas. O zircónio (ZrO_2) é um material de revestimento de barreira térmica convencional. Como o nome sugere, os revestimentos resistentes ao desgaste são utilizados para combater o desgaste, especialmente em camisas de cilindros, pistões, válvulas, fusos, rolos de moinhos têxteis, etc. A alumina (Al_2O_3), a titânia (TiO_2) e a zircónia (ZrO_2) são alguns dos materiais de revestimento resistentes ao desgaste convencionais [2].

Uma das principais limitações do processo é o preço relativamente elevado dos consumíveis para pulverização por plasma. A pulverização por plasma tem algumas vantagens únicas em relação a outras técnicas de engenharia de superfícies concorrentes. Em virtude da elevada temperatura ($10\,000\text{-}15\,000^0$ K) e da elevada entalpia disponível no jato de plasma térmico, qualquer pó, que se funde sem decomposição ou sublimação, pode ser revestido mantendo a temperatura do substrato tão baixa como 50^0 C. O processo de revestimento é rápido e a espessura pode ir de algumas dezenas de microns a alguns mm. Este método permite revestir materiais com formas muito complexas. A pulverização por plasma é amplamente utilizada nas indústrias de alta tecnologia, como a aeroespacial e a energia nuclear, bem como nas indústrias convencionais, como a têxtil, a química, a dos plásticos e a do papel, principalmente como revestimentos resistentes ao desgaste em componentes cruciais.

A pulverização por plasma é uma técnica de modificação da superfície que combina a fusão de partículas, a solidificação rápida e a consolidação num único processo. Devido à sua maior relação resistência/peso e propriedades superiores de resistência ao desgaste, as cerâmicas são preferidas na maioria das aplicações tribológicas. Os materiais cerâmicos podem ser aplicados para o revestimento de sobreposição devido à maior entalpia do gás do jato de plasma térmico. A adequação de um revestimento cerâmico em substratos metálicos depende (i) da força de aderência na interface revestimento-substrato, e (ii) da estabilidade em condições de funcionamento.

Os componentes críticos nas indústrias de alta tecnologia operam em condições extremamente hostis de temperatura, fluxo de gás, fluxo de calor e meios corrosivos, o que limita severamente a sua vida útil. Este problema pode ser minimizado através da utilização de estruturas compostas constituídas pelo material do núcleo para suportar a carga e por um revestimento de superfície adequado para melhorar a vida útil do componente no ambiente de funcionamento. A tecnologia de projeção de plasma, o processo de preparação de revestimentos sobrepostos em qualquer superfície, é uma das técnicas mais utilizadas para preparar tais peças estruturais complexas com propriedades melhoradas e maior vida útil [3].

O revestimento de alumina-titânia, que é um dos materiais mais fabricados, utiliza o processo de pulverização por plasma atmosférico (APS). Este material é conhecido pelas suas aplicações de resistência ao desgaste, à corrosão e à erosão. Estes tipos de revestimentos podem ser preparados através da mistura do pó da matriz com o reforço e por projeção de plasma [4, 5]. O processo de revestimento baseia-se na criação de um jato de plasma para fundir um pó de matéria-prima [3]. As partículas de pó são injetadas com a ajuda de um gás de transporte; ganham velocidade e temperatura através de transferências térmicas e de momento do jato de plasma. Na superfície do substrato, as partículas achatam-se e solidificam-se rapidamente, formando uma pilha de lamelas.

A utilização do compósito em vez do óxido de alumínio puro tem algumas vantagens. O TiO_2 é um aditivo comumente utilizado no pó de alumina pulverizável por plasma. O TiO_2 tem um ponto de fusão relativamente baixo e liga eficazmente os gràos de alumina, conduzindo a um revestimento de maior densidade e resistência ao desgaste [6]. No entanto, o sucesso de um revestimento de Al_2O_3 - TiO_2 depende de uma seleção criteriosa da corrente do arco, que pode fundir eficazmente os pós. Isto resulta numa boa adesão do revestimento juntamente com uma elevada resistência ao desgaste [7]. Os revestimentos de Al_2O_3 com baixa percentagem em peso de TiO_2 proporcionam uma elevada resistência eléctrica e são adequados quando são necessárias boas propriedades isolantes e elevada resistência eléctrica [8]. Mas os revestimentos de misturas com elevada percentagem em peso. TiO_2 possuem boa condutividade eléctrica devido ao seu processo de fabrico de pó e preparação de revestimentos [9].

Aqui, os revestimentos (alumina 13% titânia) foram caracterizados quanto à sua dureza, porosidade, força de adesão e microestrutura. Foram estudadas as mudanças de fase significativas associadas ao processamento de plasma durante a deposição do revestimento. Além disso, foram também avaliadas as eficiências de deposição do revestimento em várias condições de funcionamento.

Para estudar a adequação dos revestimentos para aplicações de resistência ao desgaste, são avaliadas as propriedades de desgaste destes revestimentos. O comportamento ao desgaste por erosão destes revestimentos é avaliado utilizando um ensaio de erosão por partículas sólidas. Uma área menos estudada no caso dos revestimentos cerâmicos é a sua resistência à erosão por partículas sólidas. Este aspeto é estudado no presente trabalho submetendo os revestimentos ao impacto de partículas sólidas em diferentes ângulos de impacto. Foram avaliadas as capacidades dos revestimentos para suportar o ataque erosivo. Foram efectuados ensaios de desgaste por erosão nos revestimentos para garantir a sua aplicabilidade em várias condições de funcionamento. Para controlar a perda por desgaste num processo deste tipo, um dos desafios consiste em reconhecer as interdependências dos parâmetros, as correlações e os seus efeitos individuais no desgaste, de modo a que o revestimento possa ser útil para aplicações tribológicas.

É apresentada uma análise qualitativa dos resultados experimentais no que respeita à taxa de desgaste por erosão utilizando técnicas estatísticas. A análise tem como objetivo identificar as variáveis/factores operacionais que influenciam significativamente a taxa de desgaste por erosão da alumina-titânia em metais. Os factores são identificados de acordo com a sua influência na taxa de desgaste por erosão do revestimento. É também apresentado um modelo de previsão baseado em redes neurais artificiais, considerando os factores significativos. A computação neural é utilizada uma vez que a pulverização por plasma é um processo complexo que tem muitas variáveis e interacções multilaterais. Esta técnica envolve a construção de uma base de dados, treino e validação e, em seguida, fornece um conjunto de resultados previstos relacionados com a força de adesão do revestimento e a taxa de desgaste por erosão em vários parâmetros de funcionamento.

1.2 OBJECTIVOS DA PRESENTE INVESTIGAÇÃO

O objetivo do presente inquérito é o seguinte:

a. Explorar o potencial de revestimento de alumina 13% titânia em substratos metálicos por pulverização de plasma.

b. Desenvolver uma série de revestimentos pulverizados por plasma de alumina 13% titânia em substratos metálicos e determinar a eficiência da deposição, a porosidade e a espessura do revestimento.

c. Difractograma de raios X para análise de fases.

d. Caracterização microestrutural para avaliar a solidez dos revestimentos.

e. Caracterização mecânica para avaliar a microdureza e a resistência da interface de ligação dos revestimentos.

f. Avaliar as capacidades dos revestimentos para combater o desgaste com uma referência especial ao desgaste por erosão de partículas sólidas.

g. Analisar os resultados experimentais utilizando técnicas estatísticas de modo a identificar factores/interacções significativos que influenciam a taxa de desgaste por erosão do revestimento.

h. Complementando os resultados experimentais, no que diz respeito à força de adesão do revestimento e à taxa de desgaste por erosão, com resultados previstos obtidos a partir de uma análise de rede neural artificial.

CAPÍTULO 2
PESQUISA BIBLIOGRÁFICA

2.1 PREÂMBULO

Este capítulo trata do levantamento bibliográfico do tópico de interesse geral, nomeadamente o desenvolvimento da tecnologia de modificação de superfícies para aplicações tribológicas. Este tratado abrange várias técnicas de revestimento com uma referência especial à pulverização por plasma, aos materiais de revestimento e às suas características. O desempenho dos revestimentos resistentes ao desgaste em várias condições foi analisado criticamente, juntamente com os correspondentes mecanismos de falha. Também apresenta uma revisão do desgaste, tipos de desgaste, sintomas de desgaste e tendências recentes na investigação do desgaste de metais, juntamente com o comportamento de desgaste por erosão de revestimentos cerâmicos, que é o material de interesse neste trabalho.

No final do capítulo, é apresentado um resumo da pesquisa bibliográfica e das lacunas de conhecimento nas investigações anteriores.

2.2 MODIFICAÇÃO DA SUPERFÍCIE

A modificação da superfície é um termo relativamente novo que surgiu nas últimas duas décadas para descrever actividades interdisciplinares destinadas a adaptar as propriedades da superfície dos materiais de engenharia. O objetivo da engenharia de superfícies é melhorar as suas capacidades funcionais, tendo em conta os factores económicos [10]. 'Engenharia de Superfícies' é o nome da disciplina - modificação de superfícies é a filosofia que lhe está subjacente. Para elucidar a questão, pode dar-se um exemplo. O compósito de carboneto de tungsténio e cobalto é um material de ferramenta de corte muito popular, conhecido pela sua elevada dureza e resistência ao desgaste. Se for aplicado um revestimento fino de TiN na pastilha de WC-Co, as suas capacidades aumentam consideravelmente [11]. Na verdade, uma ferramenta de corte, em ação, está sujeita a um elevado grau de abrasão, e o TiN é mais capaz de combater a abrasão. Por outro lado, o TiN é extremamente frágil, mas o núcleo relativamente resistente do compósito WC-Co protege-o da fratura. Assim, através de um processo de modificação da superfície, juntamos dois (ou mais) materiais pelo método apropriado e exploramos as qualidades de ambos [12]. É uma ferramenta muito versátil para o desenvolvimento tecnológico, desde que seja aplicada judiciosamente, tendo em conta as seguintes restrições:

(i) O valor acrescentado tecnológico deve justificar o custo.

(ii) A escolha da técnica deve ser tecnologicamente adequada.

(iii) O tratamento da superfície do revestimento não deve afetar as propriedades do material a granel.

2.3 TÉCNICAS DE MODIFICAÇÃO DE SUPERFÍCIES

Atualmente, existe um grande número de tecnologias disponíveis comercialmente no cenário industrial [12]. Apresenta-se de seguida uma panorâmica dessas tecnologias.

TECNOLOGIAS DE MODIFICAÇÃO DE SUPERFÍCIES:

2.3 a) Galvanização

* Eletrodeposição
* Deposição sem eletrólise
* Revestimento de conversão eletroquímico
* Eletroformação

2.3 b) Processos de difusão

* Carburação
* Nitretação
* Carbonitretação
* Aluminização

7

- Siliconização
- Cromagem
- Boronização

2.3 c) Endurecimento de superfícies

- Endurecimento por chama
- Endurecimento por indução
- Endurecimento por feixe de electrões
- Endurecimento por feixe de laser
- Implantação de iões

2.3d) Revestimento de película fina

- PVD
- DCV

2.3e) Revestimento duro por soldadura

- SMAW
- GTAW
- GMAW
- Soldadura por arco submerso
- Soldadura por plasma
- Soldadura por feixe de laser
- Soldadura por feixe de electrões

2.3 f) Pulverização térmica

- Pulverização por chama
- Pulverização por arco elétrico
- Pulverização por plasma
- Revestimento D-gun

2.4 PULVERIZAÇÃO TÉRMICA

É a categoria genérica de técnica de processamento de materiais que aplica consumíveis sob a forma de gotículas fundidas ou semi-fundidas finamente divididas para produzir um revestimento sobre o substrato mantido em frente do jato de impacto. A fusão dos consumíveis pode ser efectuada de várias formas e o consumível pode ser introduzido na fonte de calor sob a forma de fio ou de pó. Os consumíveis para pulverização térmica podem ser substâncias metálicas, cerâmicas ou poliméricas. Qualquer material pode ser pulverizado, desde que possa ser fundido pela fonte de calor utilizada e não sofra degradação durante o aquecimento [13].

A natureza da ligação na interface revestimento-substrato não é completamente compreendida. Normalmente, assume-se que a ligação ocorre por interação mecânica. Nesta circunstância, é geralmente possível ignorar a compatibilidade metalúrgica [12]. Esta é uma caraterística extremamente significativa da pulverização térmica.

Outro aspeto interessante da pulverização térmica é o facto de a temperatura da superfície raramente exceder os 200^0 C. Pode ser aplicado um revestimento de metal duro ou de cerâmica a plásticos termoendurecíveis. Os problemas de distorção relacionados com a tensão também não são tão significativos. A ação de pulverização é conseguida pela rápida expansão dos gases de combustão (que transferem o impulso para as gotículas fundidas) ou por um fornecimento separado de ar comprimido. Existem duas formas básicas de gerar o calor necessário para fundir os consumíveis [14, 15]. São elas: (i) a combustão de um gás combustível e (ii) o arco elétrico de alta energia, ilustrados na fig.2.1.

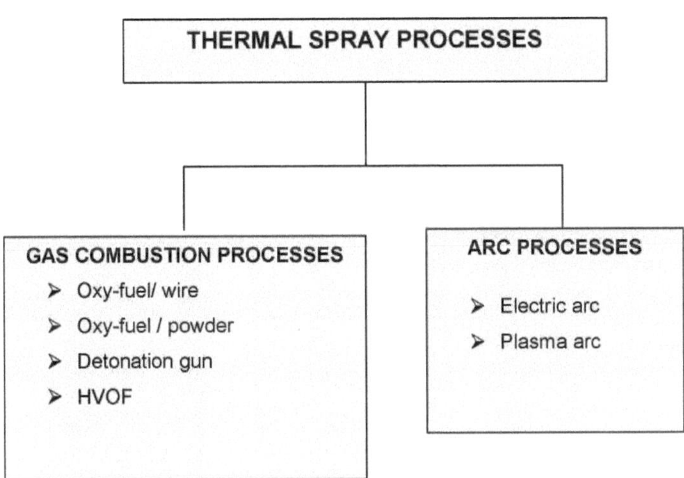

Fig. 2.1 Categorização dos processos comuns de pulverização térmica.

Os processos disponíveis para a pulverização térmica foram desenvolvidos especificamente para um determinado fim e dividem-se em duas categorias - processos de alta e baixa energia. Os principais processos e as suas fontes de energia estão resumidos na tabela 2.1 [15].

Processes		Energy sources	Different nomenclature
Low energy processes	Flame spraying	Chemical	Oxyfuel gas-powder spraying
			Oxyfuel gas-wire spraying
			Metallizing
	Arc spraying	Electrical	Electric arc spraying
			Twin-wire arc spraying
			Metallizing
High energy processes	**Plasma spraying**	Electrical	Air plasma spraying (APS)
			Vacuum plasma spraying (VPS)
			Low pressure plasma spraying (LPPS)
			Water stabilized plasma spraying (UWS)
			Inductive plasma spraying
	Detonation flame spraying	Chemical	D-gun
	High velocity oxyfuel spraying	Chemical	HVOF spraying
			High velocity oxygen fuel spraying
			High velocity flame spraying (HVFS)
			High velocity air fuel

Tabela 2.1 Processos de pulverização térmica.

2.5 PULVERIZAÇÃO POR PLASMA

A pulverização por plasma é o processo de pulverização térmica mais versátil, como se mostra na fig.2.2. É criado um arco entre o cátodo de tungsténio thoriated e um ânodo de cobre anular (ambos arrefecidos a água). O gás gerador de plasma é forçado a passar através do espaço anular entre os eléctrodos. Ao passar pelo arco, o gás sofre ionização no ambiente de alta temperatura, resultando no plasma. A ionização é conseguida através de colisões de electrões do arco com as moléculas neutras do gás. O plasma sai do invólucro do elétrodo sob a forma de uma chama. O material consumível, na forma de pó, é vertido na chama em quantidades doseadas. Os pós derretem imediatamente e absorvem o impulso do gás em expansão, precipitando-se em direção ao alvo para formar uma fina camada depositada.

A camada seguinte deposita-se sobre a primeira imediatamente a seguir, e assim o revestimento vai-se formando camada a camada [**10, 12**]. A temperatura no arco de plasma pode atingir os 10.000^0 C e é capaz de derreter qualquer coisa.

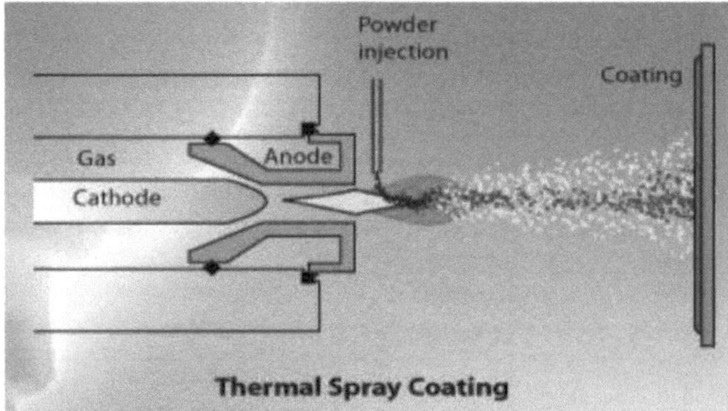

Fig. 2.2 Esquema da pulverização por plasma.

2.6 APLICAÇÕES INDUSTRIAIS DA PULVERIZAÇÃO POR PLASMA

i)   Indústria têxtil
ii)   Indústria do papel e da impressão
iii)   Indústria automóvel e produção de motores de combustão
iv)   Indústria do vidro
v)   Indústria eletroquímica
vi)   Máquinas e mecanismos hidráulicos
vii)   Laminadores e fundição
viii)   Revestimentos resistentes ao desgaste a altas temperaturas em placas de portas de correr
ix)   Fábricas de produtos químicos
x)   Aeronaves Motores a jato

Tem-se registado um crescimento constante no número de aplicações de revestimentos pulverizados termicamente. A disponibilidade de hardware e a adaptabilidade da técnica são os factores mais importantes para este crescimento. A pulverização por plasma tem sido aplicada com êxito a uma vasta gama de tecnologias industriais. A indústria automóvel, a indústria aeroespacial, a indústria nuclear, a indústria têxtil, a indústria do papel e a indústria do ferro e do aço são alguns dos sectores que exploraram com êxito a tecnologia de pulverização por plasma térmico [**16**].

2.6 i) Indústria têxtil

A pulverização por plasma foi utilizada pela primeira vez na indústria têxtil na Checoslováquia. A projeção de plasma substituiu as tecnologias clássicas de cromagem, anodização e endurecimento químico de superfícies. As vantagens desta técnica são muitas, e todas elas contribuem para a qualidade e quantidade da produção têxtil.

- Peças críticas de maquinaria: Diferentes rolos de guia e distribuição de rosca, freios de rosca de cumeeira, placas de distribuição, rolos de acionamento e de tração, galés, rolos tensores, tampas de travão de rosca, barras de entrada, etc.
- Revestimentos e vantagens: Os revestimentos de elevada resistência ao desgaste são necessários em peças de máquinas têxteis que estão em contacto com fibras sintéticas. Para este efeito, são aplicados especialmente Al2O3 + 3% TiO2, Al2O3 + 13% TiO2, Cr2O3, WC + Co. Estes revestimentos com dureza entre 1800 e 2600 HRV são extraordinariamente densos, têm elevada resistência ao desgaste e proporcionam uma excelente ligação ao substrato. A pulverização por plasma tem as seguintes vantagens nas indústrias têxteis:
  - A substituição de peças gastas é minimizada e, por conseguinte, reduz os tempos de inatividade.
  - As propriedades físicas e mecânicas das fibras são melhoradas.
  - A velocidade de rotação destas peças mais leves pode ser aumentada.
  - O prazo de validade das peças de maquinaria têxtil com revestimento por projeção de plasma é 5 a 20 vezes superior ao das peças revestidas por cromagem ou outra técnica clássica.
  - A substituição de peças pesadas de aço ou ferro fundido por alumínio ou por peças duráveis com revestimentos resistentes ao desgaste permite realizar poupanças económicas consideráveis.

2,6 ii) Indústria do papel e da impressão

As máquinas da indústria do papel e da impressão são normalmente de grandes dimensões e estão sujeitas a um desgaste considerável devido ao contacto por deslizamento e fricção com os produtos de papel.

- Peças de máquinas críticas: Rolos de secagem de papel, peneiras, filtros, pinos de rolo, etc. em máquinas de papel, rolos de impressão, rolos de tensão e outras peças de máquinas de impressão.
- Revestimentos e vantagens: A pulverização de camadas de óxido é uma solução económica disponível que pode ser utilizada diretamente no local de produção. Também aqui **são aplicadas** camadas de óxido compostas por Al2O3 com adições de 3 a 13 % de **TiO2**, Cr2O3 ou MnO2. **Normalmente, os rolos de ferro fundido são primeiro pulverizados com NiCr 80/20, com uma espessura de 50 ppm** e, em seguida, são revestidos com uma camada de Al2O3 + 13% de TiO2 com uma espessura de 0,2 mm. As vantagens especiais são mencionadas abaixo:
  - Assegura a resistência à corrosão dos rolos, ou seja, do metal de base
  - A resistência das camadas de óxido às tintas de impressão prolonga a vida útil das peças da máquina
  - O custo de produção é reduzido consideravelmente
  - O revestimento resultou no **chamado fenómeno "casca de laranja", acabamento de superfície** que evita a aderência da folha de papel, corantes, etc. e permite o seu estiramento adequado.

2.6 iii) Indústria automóvel e produção de motores de combustão

Os revestimentos pulverizados por plasma utilizados nas indústrias automóveis de muitos países industrialmente avançados suportam pressões e temperaturas de trabalho mais elevadas para melhorar a resistência ao desgaste, as boas propriedades de fricção, a resistência contra a queima e a corrosão devido a produtos de combustão quentes e a resistência contra a carga térmica. Algumas das várias aplicações desenvolvidas para a indústria automóvel na Academia Eslovaca de Ciências (SAV) em Bratislava são a pulverização de barras de torção com revestimentos de alumínio contra a corrosão. A tecnologia de pulverização por plasma é introduzida na produção de forquilhas de mudanças para caixas de velocidades na fábrica de automóveis Fiat e nas peças críticas de grandes motores Diesel.

2.6 iv) Indústria do vidro

O vidro fundido desgasta rapidamente a superfície do metal que entra em contacto com ele. A fim de proteger as ferramentas metálicas, são efectuados revestimentos por pulverização de plasma.

2.6 v) Indústria eletroquímica

Nas indústrias eletromecânica e informática, os condutores eléctricos Cu, Al, W e as camadas cerâmicas semi-condutoras e isolantes são amplamente utilizados. Alguns contactos de eléctrodos, por exemplo, os centelhadores dos equipamentos de investigação nuclear, são produzidos em tungsténio maciço. Estes eléctrodos podem ser substituídos por eléctrodos modernos com um revestimento de tungsténio pulverizado com cerca de 0,5 mm de espessura. Este elétrodo assegura passagens de curta duração de 300 000 A de corrente com uma vida útil de várias centenas de comutações.

2.6 vi) Máquinas e mecanismos hidráulicos

A gama de aplicações possíveis neste domínio é muito extensa, principalmente em centrais hidroeléctricas, na produção e funcionamento de bombas, onde muitas peças estão sujeitas a efeitos combinados de desgaste, corrosão, erosão e cavitação.

2.7 vii) Laminadores e fundição

Nos laminadores e nas prensas, os revestimentos resistentes ao desgaste são utilizados para renovar as peças pesadas de máquinas pesadas cuja substituição seria muito dispendiosa. Apresentam-se seguidamente várias aplicações neste domínio:

- Jumpers de laminadores sendo reparados por meio de uma camada de revestimento de aço inoxidável. Revista do laminador de rolos de laminagem renovada com uma camada de NiCrBSi.
- As engrenagens da caixa de engrenagens do laminador estão a ser renovadas com um revestimento resistente ao desgaste.
- Para reparar a corrediça de um laminador e os êmbolos de uma prensa de forja, é aplicada uma resistência ao desgaste.
- O revestimento de plasma resistente ao calor é amplamente utilizado em equipamento de fundição e metalúrgico onde se encontra metal fundido ou temperaturas muito elevadas. Este equipamento inclui os tampões deslizantes de panelas de aço com revestimentos de alumina ou zircónio.
- Rolos transportadores na produção de placas com revestimentos refractários à base de zircónio.
- Tubos de oxigénio, moldes de ferro fundido em fundição contínua de metais, com $Al_2O_3+TiO_2$, $ZrSiO_4+ZrO_2+MgO$.

2.6 viii) Revestimentos resistentes ao desgaste a altas temperaturas em placas de portas de correr

Nas siderurgias, observa-se uma erosão severa das placas refractárias e a formação de macro-micro fissuras durante a preparação do aço, o que torna as placas instáveis para reutilização. Os revestimentos cerâmicos pulverizados por plasma em placas refractárias são feitos para minimizar os danos e, consequentemente, aumentar a vida útil da placa de deslizamento. Al2O3, MgZrO3, ZrO2, TiO2, $Y2O3$ e cálcio estabilizado. A zircónia pode ser revestida.

2.7 ix) Fábricas de produtos químicos

O metal de base das peças das máquinas está sujeito a diferentes tipos de desgaste nas fábricas de produtos químicos. Nestes casos, os revestimentos por projeção de plasma são aplicados para proteger o metal de base. Podem ser utilizados em várias lâminas, veios, superfícies de rolamentos, tubos, queimadores, peças de equipamentos de refrigeração, etc.

2.8 x) Aeronaves Motores a jato

As peças de trabalho dos motores a jato de aeronaves estão sujeitas a tensões mecânicas, químicas e térmicas. Um motor a jato tem uma série de nós de construção em que o revestimento por plasma é utilizado com muito êxito para os proteger. São, por exemplo, a face da caixa do ventilador, a caixa e o disco do compressor, o rolamento guia, os bocais de combustível, as pás e as câmaras de combustão.

2.9 VESTIR

O desgaste ocorre como consequência natural da interação entre duas superfícies com movimento relativo. O desgaste pode ser definido como a perda progressiva de material de superfícies em contacto em movimento relativo. Os cientistas desenvolveram várias teorias de desgaste em que as características físicomecânicas dos materiais e as condições físicas (por exemplo, a resistência do corpo em atrito e o estado de tensão na área de contacto) são tidas em consideração. Em 1940, Holm [17], partindo do mecanismo atómico de desgaste, calculou o volume de substância desgastada por unidade de percurso de deslizamento.

O desgaste dos metais é provavelmente o aspeto mais importante, mas menos compreendido, da tribologia. É certamente o mais jovem dos três tópicos, fricção, lubrificação e desgaste, a atrair a atenção científica, embora o seu significado prático tenha sido reconhecido ao longo dos tempos.

O desgaste não é uma propriedade intrínseca do material, mas sim características do sistema de engenharia que dependem da carga, da velocidade, da temperatura, da dureza, da presença de materiais estranhos e das condições ambientais [18]. O desgaste dos materiais é causado por condições de desgaste muito variadas. Pode ser devido a danos na superfície ou à remoção de material de uma ou de ambas as superfícies sólidas num movimento de deslizamento, rolamento ou impacto, uma em relação à outra. Na maioria dos casos, o desgaste ocorre através de interacções superficiais nas asperezas. Durante o movimento relativo, o material na superfície de contacto pode ser removido de uma superfície, pode resultar na transferência para a superfície de contacto ou pode soltar-se como uma partícula de desgaste. A resistência ao desgaste dos materiais está relacionada com a sua microestrutura, que pode ocorrer durante o processo de desgaste e, por isso, parece que, na investigação sobre o desgaste, a ênfase é colocada na microestrutura [19]. O desgaste dos metais depende de muitas variáveis, pelo que os programas de investigação sobre o desgaste devem ser planeados de forma sistemática. Por isso, os investigadores normalizaram alguns dos dados para os tornar mais úteis. O mapa de desgaste proposto por Lim e Ashby [18] é muito útil neste contexto para compreender o mecanismo de desgaste por deslizamento, com ou sem lubrificação.

2.10 TIPOS DE DESGASTE

Na maioria dos estudos básicos de desgaste, em que os problemas de desgaste têm sido a principal preocupação, o chamado atrito seco tem sido investigado para evitar as influências dos lubrificantes fluidos.

O "atrito seco" é definido como o atrito em condições não intencionalmente lubrificadas, mas sabe-se que é o atrito sob lubrificação por gases atmosféricos, especialmente pelo oxigénio [20].

Um esquema fundamental para classificar o desgaste foi inicialmente delineado por Burwell e Strang [21]. Mais tarde, Burwell [22] modificou a classificação para incluir cinco tipos distintos de desgaste, nomeadamente (1) Abrasivo (2) Adesivo (3) Erosivo (4) Fadiga superficial (5) Corrosivo.

2.10.1 Desgaste abrasivo

O desgaste abrasivo pode ser definido como o desgaste que ocorre quando uma superfície dura desliza contra uma superfície mais macia e corta a ranhura desta. Na prática, pode ser responsável pela maioria das avarias. As partículas duras ou asperezas que cortam ou ranhuram uma das superfícies de fricção produzem desgaste abrasivo. Este material duro pode ser originário de uma das duas superfícies de fricção. Nos mecanismos de deslizamento, a abrasão pode ter origem nas asperezas existentes numa superfície (se esta for mais dura do que a outra), na geração de fragmentos de desgaste que são repetidamente deformados e, por conseguinte, endurecidos por trabalho ou oxidados até se tornarem mais duros do que uma ou ambas as superfícies de deslizamento, ou na entrada acidental de partículas duras, como sujidade proveniente do exterior do sistema.

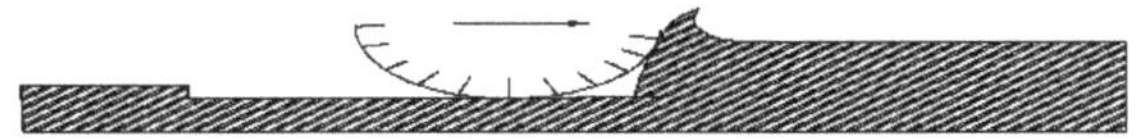

Fig. 2.3 Representações esquemáticas do mecanismo de desgaste por abrasão.

O desgaste abrasivo de dois corpos, como mostra a fig. 2.3, ocorre quando uma superfície (normalmente mais dura do que a segunda) corta o material da segunda, embora este mecanismo mude frequentemente para abrasão de três corpos, uma vez que os detritos de desgaste actuam como um abrasivo entre as duas superfícies. Os abrasivos podem atuar como na retificação, em que o abrasivo é fixo em relação a uma superfície, ou como na lapidação, em que o abrasivo cai, produzindo uma série de reentrâncias em vez de um risco. De acordo com um estudo tribológico recente, o desgaste abrasivo é responsável pela maior quantidade de perda de material na prática industrial [**23**].

2.8.2 Desgaste do adesivo

O desgaste adesivo pode ser definido como o desgaste devido a uma ligação localizada entre superfícies sólidas em contacto, levando à transferência de material entre as duas superfícies ou à perda de uma delas. Para que ocorra o desgaste adesivo mostrado na fig. 2.4, é necessário que as superfícies estejam em contacto íntimo uma com a outra. As superfícies que são mantidas afastadas por películas lubrificantes, películas de óxido, etc., reduzem a tendência para a ocorrência de adesão.

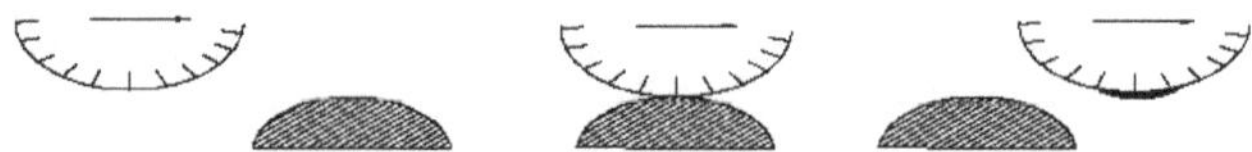

Fig. 2.4 Representações esquemáticas do mecanismo de desgaste adesivo.

2.8.3 Desgaste erosivo

O desgaste erosivo pode ser definido como o processo de remoção de metal devido ao impacto de partículas sólidas numa superfície. A erosão é causada pela colisão de um gás ou de um líquido, que pode ou não conter partículas sólidas arrastadas, numa superfície. Quando o ângulo de impacto é pequeno, o desgaste produzido é muito semelhante ao da abrasão. Quando o ângulo de impacto é normal à superfície, o material é deslocado por fluxo plástico ou é deslocado por falha frágil. A representação esquemática do mecanismo de desgaste erosivo é mostrada na fig.2.5.

Fig. 2.5 Representações esquemáticas do mecanismo de desgaste erosivo.

2.8. 4Desgaste por fadiga da superfície

Desgaste de uma superfície sólida causado por fratura resultante da fadiga do material. O termo **"fadiga" é amplamente aplicado ao fenómeno de falha quando um sólido é sujeito a** cargas **cíclicas** envolvendo tensão e compressão acima de uma determinada tensão crítica. A carga repetida provoca a geração de microfissuras, geralmente abaixo da superfície, no local de um ponto de fraqueza pré-existente. Em cargas e descargas subsequentes, a microfissura propaga-se. Quando a fissura atinge o tamanho crítico, muda de direção para emergir à superfície e, assim, as partículas planas em forma de folha são destacadas durante o desgaste. O número de ciclos de tensão necessários para causar esta falha diminui à medida que a magnitude da tensão correspondente aumenta. A vibração é uma causa comum de desgaste por fadiga. A representação esquemática do mecanismo de desgaste por fadiga da superfície é mostrada na fig. 2.6.

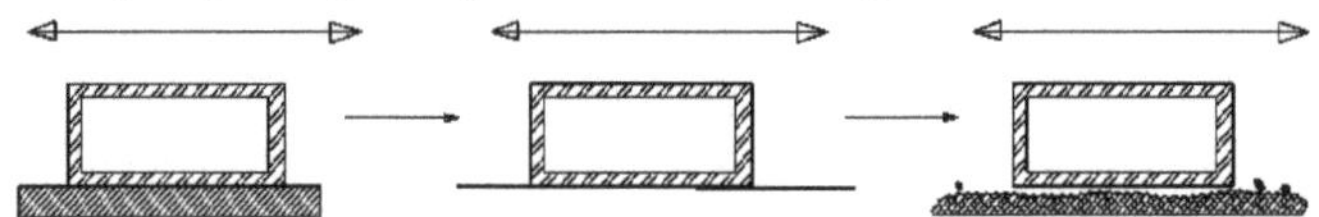

Fig. 2.6 Representações esquemáticas do mecanismo de desgaste por fadiga da superfície.

2.8.5 Desgaste corrosivo

A maioria dos metais é termodinamicamente instável no ar e reage com o oxigénio para formar um óxido, que normalmente desenvolve camadas ou escamas na superfície do metal ou das ligas quando as suas ligações interfaciais são fracas. O desgaste por corrosão é o desgaste gradual ou a deterioração das superfícies metálicas desprotegidas devido aos efeitos da atmosfera, dos ácidos, dos gases, dos álcalis, etc. Este tipo de desgaste cria buracos e perfurações e pode eventualmente dissolver peças metálicas.

2.9 SINTOMAS DE DESGASTE

A literatura disponível sobre o mecanismo de controlo da taxa de desgaste demonstrou que este pode mudar abruptamente de um para o outro a determinadas velocidades de deslizamento e cargas de contacto, resultando em aumentos abruptos das taxas de desgaste. Os resultados contraditórios na literatura sobre desgaste devem-se, em parte, às diferenças nas condições de ensaio, mas também tornam claro que é necessária uma compreensão mais profunda do mecanismo de desgaste se se pretender melhorar a resistência ao desgaste do revestimento. Isto, por sua vez, requer um estudo sistemático do desgaste sob diferentes tensões, velocidades e temperaturas. É geralmente reconhecido que o desgaste é uma caraterística de um sistema e é influenciado por muitos parâmetros. A investigação à escala laboratorial, se for corretamente concebida, permite um controlo cuidadoso do sistema tribo, permitindo isolar e determinar os efeitos de diferentes variáveis no comportamento de desgaste do revestimento. Os dados gerados por essa investigação em condições controladas podem ajudar a interpretar corretamente os resultados.

A Tabela 2.2 apresenta um resumo do aparecimento e dos sintomas dos diferentes mecanismos de desgaste e constitui uma abordagem sistemática para diagnosticar os mecanismos de desgaste.

Types of wear	Symptoms	Appearance of the worn-out surface
Abrasive	Presence of clean furrows cut out by abrasive particles	Grooves
Adhesive	Metal transfer is the prime symptoms	Seizure, catering rough and torn-out surfaces.
Erosion	Presence of abrasives in the fast moving fluid and short abrasion furrows	Waves and troughs.
Corrosion	Presence of metal corrosion products.	Rough pits or depressions.
Fatigue	Presence of surface or subsurface cracks accompanied by pits and spalls	Sharp and angular edges around pits.
Impacts	Surface fatigue, small sub micron particles or formation of spalls	Fragmentation, peeling and pitting.
Delamination	Presence of subsurface cracks parallel to the surface with semi-dislodged or loose flakes	Loose, long and thin sheet like particles
Fretting	Production of voluminous amount of loose debris	Roughening, seizure and development of oxide ridges
Electric attack	Presence of micro craters or a track with evidence of smooth molten metal	Smooth holes

Tabela 2.2 Sintomas e aparência dos diferentes tipos de desgaste [24].

A fig.2.7 apresenta um modelo típico que exemplifica a taxa de erosão em função do tamanho e da velocidade da partícula no impacto com o substrato. O aumento da velocidade de impacto ou do diâmetro das partículas acelera claramente os danos por erosão. A partir do facto de um aumento da velocidade de impacto ou do tamanho das partículas conduzir a indentações maiores ou mais profundas, como se mostra esquematicamente na Fig. 2.7, os desvios dos valores de $k2$ e $k3$ em relação aos valores teóricos ($k2 = 2$, $k3 = 0$) indicam os verdadeiros efeitos da velocidade de impacto e do diâmetro das partículas, que estão ligados à agressividade relativa da indentação. Quanto maior ou mais profunda for a indentação, maior será a quantidade de material removido do bordo da indentação.

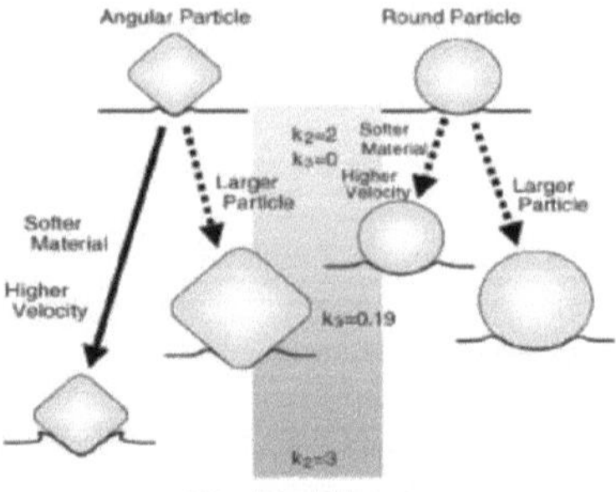

Fig. 2.7 Modelo dos efeitos dos parâmetros de impacto nos expoentes k2 e k3.

2.10 TENDÊNCIAS RECENTES NA INVESTIGAÇÃO SOBRE DESGASTE DE METAIS

Grande parte da investigação sobre desgaste realizada nas décadas de 1940 e 1950 foi conduzida por engenheiros mecânicos e metalúrgicos para gerar dados para a construção de accionamentos de motores, comboios, travões, rolamentos, casquilhos e outros tipos de conjuntos mecânicos móveis [25].

Tornou-se evidente durante o inquérito que o desgaste dos metais era um tópico proeminente num grande número de respostas relativas a algumas prioridades futuras para a investigação em tribologia. Cerca de 22 técnicos experientes neste domínio, que participaram na "Wear of Materials Conference" de 1983, em Reston, prepararam uma lista de classificação [26]. As suas propostas com prioridade máxima foram mais investigações sobre o mecanismo de desgaste e isto reflecte, sem dúvida, a opinião de que os efeitos particulares do desgaste devem ser estudados tendo como pano de fundo os processos físicos e químicos básicos envolvidos nas interacções superficiais,

Peterson [27] analisou o desenvolvimento e a utilização de tribo-materiais e concluiu que os metais e as suas ligas são os materiais de engenharia mais comuns utilizados em aplicações de desgaste. O ferro fundido cinzento, por exemplo, já era utilizado em 1388. Grande parte da investigação sobre desgaste efectuada nos últimos 50 anos incide sobre cerâmicas, polímeros, materiais compósitos e revestimentos [8],

Ranking	Topics
1.	Mechanism of Wear
2.	Surface Coatings and treatments
3.	Abrasive Wear
4.	Materials
5.	Ceramic Wear
6.	Metallic Wear
7.	Polymer Wear
8.	Wear with Lubrication
9.	Piston ring-cylinder liner Wear
10.	Corrosive Wear
11.	Wear in other Internal Combustion Machine Components

Table 2.3   Prioridade na investigação sobre as ervas daninhas [26].

O desgaste dos metais encontrado em situações industriais pode ser agrupado em categorias apresentadas na tabela 2.4. No entanto, há situações em que um tipo muda para outro ou em que dois ou mais mecanismos actuam em conjunto.

Type of wear in Industry	Approximate percentage involved
Abrasive	50
Adhesive	15
Erosion	8
Fretting	8
Chemical	5

Table 2.4   Tipo de desgaste na indústria [25].

2.11 REVESTIMENTOS RESISTENTES AO DESGASTE

A escolha de um material depende da aplicação. No entanto, os revestimentos cerâmicos são muito duros e, por conseguinte, oferecem, em média, uma maior resistência à abrasão do que os seus homólogos metálicos Atualmente, estão disponíveis comercialmente vários materiais, por exemplo, carbonetos, óxidos, metálicos, etc., pertencentes à categoria acima referida. Os revestimentos com estes materiais podem ser agrupados nas seguintes categorias: [10]

(i) Carbonetos: WC, TiC, SiC, ZrC, Cr_2C_3 etc.

(ii) Óxidos: Al_2O_3, Cr_2O_3, TiO_2, ZrO_2 etc.

(iii) Metálicos: NiCrAlY, Triballoy, etc.

(iv) Diamante

2.11.1 Revestimentos de óxidos

Os revestimentos metálicos e os revestimentos de metal duro que contêm metal, por vezes, não são adequados para ambientes de alta temperatura, tanto em aplicações de desgaste como de corrosão. Muitas vezes, falham devido à oxidação ou descarbonetação. Nesse caso, o material de eleição pode ser um revestimento cerâmico de óxido, por exemplo, $Al_2O_3.Cr_2O_3$, TiO_2, ZrO_2 ou as suas combinações. No entanto, a elevada resistência ao desgaste e a estabilidade química e térmica destes materiais são contrabalançadas pelas desvantagens dos baixos valores do coeficiente de expansão térmica, da condutividade térmica, da resistência mecânica, da resistência à fratura e de uma adesão um pouco mais fraca ao material de substrato. A espessura destes revestimentos é também limitada pela tensão residual que aumenta com a espessura. Por conseguinte, para obter um revestimento de boa qualidade, é essencial efetuar uma escolha adequada da camada de ligação, dos parâmetros de pulverização e dos aditivos de reforço [10].

2.11.1a) Revestimentos de crómio (Cr2O3)

Estes revestimentos são aplicados quando a resistência à corrosão é necessária, para além da resistência à abrasão. Adere bem ao substrato e apresenta uma dureza excecionalmente elevada de 2300 HV $_{0.5\,kg}$ [10]. Os revestimentos de crómio são também úteis em motores de navios e outros motores diesel, bombas de água e rolos de impressão [3]. Um revestimento de Cr2O3- 40 wt% TiO2 proporciona um coeficiente de atrito muito elevado (0,8), pelo que pode ser utilizado como revestimento de travões [29]. O modo de desgaste dos revestimentos de crómio foi investigado em várias condições. Dependendo das condições experimentais, o modo de desgaste pode ser abrasivo [29], deformação plástica [30], microfractura [31] ou um conglomerado de todos estes [32]. Este material foi também testado em condições de lubrificação, utilizando soluções de sais inorgânicos (NaCl, NaNO3, Na3PO4) como lubrificantes e também a uma temperatura elevada. Verificou-se que a taxa de desgaste da cromia auto-matada aumenta consideravelmente a 450°C, e que a deformação plástica e a fadiga superficial são os mecanismos de desgaste predominantes [33]. Em condições de lubrificação, os revestimentos apresentam desgaste triboquímico [34]. Também foi testada a sua resistência à erosão [35].

2.11.2b) Revestimentos de zircónio (ZrO2)

O zircónio é amplamente utilizado como revestimento de barreira térmica. No entanto, é dotada das qualidades essenciais de um material resistente ao desgaste, isto é, dureza, inércia química, etc. e apresenta um comportamento ao desgaste razoavelmente bom. No caso de uma zircónia prensada a quente combinada com ferro com elevado teor de crómio (martensítico, austenítico ou perlítico), verificou-se que, durante a fricção, o ferro se transfere para a superfície cerâmica e o material austenítico adere bem à cerâmica em comparação com os seus homólogos martensíticos ou perlíticos [36]. A película espessa melhora a transferência de calor da área de contacto, mantendo a temperatura de contacto razoavelmente baixa; assim, a transformação do ZrO2 é evitada. Por outro lado, com o ferro perlítico ou martensítico, a transferência de material é limitada. A temperatura de contacto é suficientemente elevada para provocar uma transformação de fase e a correspondente alteração de volume no ZrO2, causando uma fragmentação induzida por tensão. Numa experiência semelhante, o comportamento de desgaste da zircónia sinterizada, parcialmente estabilizada (PSZ) com 8 wt% de ítria contra PSZ e aços foi testado a 200°C. Quando os metais são utilizados como superfície de contacto, forma-se rapidamente uma camada transferida na superfície cerâmica (revestida ou sinterizada) [37]. No sistema cerâmica-cerâmica, o desgaste de contacto é de natureza abrasiva. No entanto, partículas de desgaste semelhantes ficam retidas entre as superfícies de contacto e induzem também um desgaste de polimento. No intervalo de carga de 10 a 40 N, não ocorre transformação de ZrO2 [37,38]. No entanto, testes semelhantes efectuados a 800°C mostram uma transformação de fase de ZrO2 monoclínico para ZrO2 tetragonal [39]. Os resíduos de desgaste de ZrO2 são por vezes compactados em cargas repetidas e fixam-se à superfície desgastada, formando uma camada protetora [40]. Durante a fricção, as fissuras pré-existentes ou recém-formadas podem crescer rapidamente e eventualmente interligar-se umas com as outras, levando a uma fragmentação do revestimento [41]. As partículas desgastadas ficam presas entre as superfícies de contacto e desgastam o revestimento. Foi estudado o desempenho do desgaste de revestimentos de ZrO2-12 mol% CeO2 e ZrO2-12 mol% CeO2 -10 mol% Al2O3 contra um aço de rolamento sob várias cargas [42]. Verificou-se que a introdução de alumina como dopante melhora significativamente o desempenho da cerâmica em termos de desgaste. Aqui, a deformação plástica é o principal modo de desgaste. O desempenho de desgaste da zircónia a 400°C e 600°C foi relatado na literatura [43]. A estas temperaturas, o modo adesivo de desgaste desempenha o papel principal.

2.11.2c) Revestimentos de titânio (TiO2)

O revestimento de titânio é conhecido pela sua elevada dureza, densidade e força de adesão. Tem sido utilizado para combater o desgaste abrasivo, erosivo e por atrito, quer na forma essencialmente pura, quer em associação com outros compostos [44,45]. Foi estudado o mecanismo de desgaste do TiO2 a 450°C em condições de contacto lubrificado e seco. Verificou-se que sofre uma mancha plástica em contacto lubrificado, ao passo que falha devido à fadiga superficial em condições secas. Os pares TiO2-aço inoxidável em várias condições de carga de velocidade também foram investigados em pormenor [46]. A uma carga relativamente baixa, a falha deve-se à fadiga da superfície e ao desgaste adesivo, enquanto que a uma carga elevada a falha é atribuída à abrasão e à delaminação associadas a um movimento para a frente e para trás [47]. A baixa velocidade, a camada de aço transferida oxida-se para formar Fe2O3 e o desgaste progride por adesão e fadiga superficial. A alta velocidade, forma-se Fe3O4 em vez de Fe2O3 [48]. A camada superior de TiO2 também amolece e funde devido a um aumento acentuado da temperatura, o que ajuda a reduzir a temperatura subsequentemente [49]. O desempenho do TiO2 puro pulverizado por plasma foi comparado com o do Al2O3 - 40 wt% TiO2 e do Al2O3 puro em condições de contacto seco e lubrificado [50]. O TiO2 apresenta os melhores resultados. Devido à sua porosidade relativamente elevada, o TiO2 pode proporcionar uma boa ancoragem à película transferida e também pode reter eficazmente os lubrificantes [51]. A Tabela 2.5 mostra algumas propriedades físicas do Titânio.

Properties	TiO2
Composition	TiO2(Rutile)
Density, g/c.c.	4.10
Melting point, ^{0}C	1900
Hardness, HV. Kgf/mm^2	942
Co-efficient of thermal expansion, μm/m.^{0}C	7.5

Tabela 2.5 Propriedades físicas do Titânio.

2.11.2d) Revestimentos de alumina (Al2O3)

A alumina é obtida a partir de um mineral chamado bauxite, que existe na natureza sob a forma de várias fases hidratadas, por exemplo, boehmite (γ-Al O_{23} , H2O), hidragilato, diásporo (α-Al$_2$ O3. 3H2O). Também existe em várias outras formas metaestáveis como β, δ, θ, η, κ e X [52], α -Al O_{23} é conhecida por ser uma fase estável e está disponível na natureza sob a forma de corindo. Além disso, o α-Al O_{23} pode ser extraído das matérias-primas através da sua fusão.

Boehmite $\rightarrow$450^{0}C$\rightarrow$$\gamma$-Al$_2O_3$$\rightarrow$750^{0}C$\rightarrow$$\delta$-Al$_2O_3$$\rightarrow$1000^{0}C$\rightarrow$$\upsilon$-Al$_2O_3$$\rightarrow$1200^{0}C$\rightarrow$$\alpha$-Al$_2O_3$

Bayererite $\rightarrow$230^{0}C$\rightarrow$ η- Al$_2$O$_3$ $\rightarrow$850^{0}C$\rightarrow$ υ-Al$_2$O$_3$$\rightarrow$1200^{0}C$\rightarrow$ α-Al$_2$O$_3$

A transformação de fase durante a congelação das gotículas de alumina pulverizadas por plasma foi estudada em pormenor [53,54]. **A partir das partículas fundidas, o** γ-Al O_{23} tende a nuclear-se, uma vez que **a transformação de líquido para γ envolve uma baixa energia interfacial. A fase finalmente formada após o** arrefecimento depende do diâmetro da partícula. Para diâmetros de partícula inferiores a 10 pm, a **forma metaestável é mantida (γ, δ, β ou θ). A pulverização por plasma de partículas de alumina com um diâmetro médio** de 9 pm resulta no desenvolvimento da fase gama no revestimento após arrefecimento [**55**]. **A forma a** é encontrada nas partículas de grande diâmetro. De facto, quanto maior for o diâmetro, maior **será a fração de** α-Al O_{23} no sólido arrefecido. Esta forma é desejável pelas suas propriedades de desgaste superiores. Para além da taxa de arrefecimento, uma forma de obter a fase finalmente formada é variar a temperatura do substrato. Se a temperatura do substrato for mantida a 9000C, **forma-se a fase δ. A fase** α-Al O_{23} pode ser formada aumentando a temperatura do substrato para 11000 C, resultando num arrefecimento lento. Durante a congelação, o calor latente de solidificação é absorvido na poça ainda fundida. Se esta geração de calor for equilibrada pela transferência de calor para o substrato, os cristais colunares crescem. Por outro lado, se a referida transferência de calor for mais rápida do que a taxa de injeção de calor da frente de solidificação em crescimento, é suposto formarem-se cristais equi-axiais. Na realidade, os cristais colunares são geralmente encontrados. A Tabela 2.6 mostra algumas propriedades físicas da Alumina.

Properties	Alumina (99.9%)
Composition	Al$_2$O$_3$(corundum)
Density,g/c.c.	3.90
Melting point, ^{0}C	2015
Thermal conductivity, J/kg. K	35.60
Hardness, HV. Kgf/mm^2	1500
Flexural strength, MPa	380
Tensile strength, MPa	262
Poisson's ratio	0.26

Young's modulus, Gpa	370
Co-efficient of thermal expansion,μm/m.^{0}C	8
Heat capacity, J/kg.K	880

Tabela 2.6 Propriedades físicas da Alumina.

A alumina tem várias vantagens como material estrutural, por exemplo, disponibilidade, dureza, elevado ponto de fusão, resistência ao desgaste, etc. Liga-se bem aos substratos metálicos quando é aplicada como revestimento sobre eles. Algumas das aplicações da alumina são em rolamentos, válvulas, vedantes de bombas, êmbolos, componentes de motores, bocais de foguetões, escudos para mísseis guiados, invólucros de tubos de vácuo, circuitos integrados, etc. Atualmente, no Japão, estão a ser utilizados componentes ferroviários revestidos com alumina pulverizada por plasma [56]. As propriedades da alumina podem ser complementadas por um reforço de partículas (TiO2, TiC) ou de partículas (SiC) [57]. O reforço com TiC limita o crescimento do grão, melhora a resistência e a dureza, e também retarda a propagação de fissuras através da matriz de alumina [58]. Foi estudado o comportamento de desgaste por deslizamento da alumina monolítica e da alumina reforçada com whiskers de SiC [59]. Verificou-se que o compósito reforçado com whiskers tem uma boa resistência ao desgaste. A alumina monolítica tem uma resposta frágil ao desgaste por deslizamento, enquanto a superfície desgastada do compósito revela sinais de deformação plástica juntamente com fratura. Os whiskers também sofrem arrancamento ou fratura.

O comportamento de desgaste por deslizamento de alumina pulverizada por plasma contra aço AISI-D2 sob diferentes condições de carga de velocidade foi relatado. Dentro da gama de cargas utilizada (45N-133N), o gráfico desgaste vs. carga apresenta um máximo. Na fase inicial, o volume de desgaste aumenta com a carga para um determinado número de ciclos de deslizamento. Para além de uma determinada carga, devido à carga e ao aquecimento por fricção, ocorre um fluxo plástico importante na superfície do revestimento. O fluxo plástico leva a um aumento da área real de contacto e a uma redução correspondente da tensão normal, embora a carga normal aumente. Como resultado, o desgaste diminui com o aumento da carga para além de uma carga normal crítica. Por outro lado, o gráfico desgaste vs. velocidade de deslizamento também apresenta um máximo dentro da gama de velocidades utilizada (0,31 a 8 m/s). Numa gama de velocidades baixa, as asperezas movem-se umas contra as outras e deformam-se mutuamente no processo. À medida que a velocidade aumenta, as asperezas são sujeitas a fortes impactos e tendem a fraturar-se a partir da raiz, produzindo um maior volume de detritos. A uma velocidade muito elevada, o aumento de temperatura relacionado com o atrito torna-se suficientemente elevado para amolecer as asperezas, protegendo-as assim da fratura. A taxa de desgaste mantém-se baixa em tais circunstâncias. Por conseguinte, a deformação plástica e a fratura frágil constituem os mecanismos de rutura.

2.11.2e) Revestimentos de alumina e titânio

O TiO2 é um aditivo comummente utilizado no pó de alumina pulverizável por plasma. O TiO2 tem um ponto de fusão relativamente baixo e liga eficazmente os grãos de alumina. No entanto, o sucesso de um revestimento Al2O3 - TiO2 depende de uma seleção criteriosa da corrente do arco, que pode fundir os pós eficazmente. Isto resulta numa boa adesão do revestimento, juntamente com uma elevada resistência ao desgaste. O desempenho em termos de desgaste do Al2O3 e do Al2O3 -50 wt% TiO2 foi referido na literatura [59]. Nos ensaios de abrasão em areia seca, a alumina teve um desempenho superior aos outros, presumivelmente devido à sua elevada dureza. No deslizamento a seco a baixa velocidade, o tribocouple (cerâmica e aço inoxidável endurecido) apresenta deslizamento por aderência. A uma velocidade relativamente elevada, o coeficiente de atrito diminui devido ao amolecimento térmico da interface [60]. Verifica-se que o desgaste da alumina aumenta consideravelmente para além de uma velocidade crítica e de uma carga crítica. Verificou-se que a alumina falha por deformação plástica, cisalhamento e arrancamento de grãos. Também no deslizamento a seco e lubrificado, a cerâmica mista teve um melhor desempenho do que a alumina pura. Um revestimento de Al2O3 -50 wt% TiO2 é bastante poroso e, por isso, é capaz de reter a camada metálica transferida que protege a superfície [61]. O desempenho em termos de desgaste destes revestimentos pode ainda ser melhorado através da selagem dos poros por substâncias poliméricas. A baixa difusividade térmica

20

dos revestimentos de alumina resulta numa elevada tensão térmica localizada na superfície. O modo de desgaste da alumina é principalmente abrasivo. O tamanho e a distribuição do tamanho dos poros também desempenham um papel vital na determinação das propriedades de desgaste. O revestimento Al2O3 - TiO2 tem uma elevada difusividade térmica e, por isso, é menos suscetível ao desgaste.

Os revestimentos de alumina-titânia são excelentes candidatos para proporcionar proteção contra o desgaste abrasivo e são resistentes à erosão a altas temperaturas. Estes revestimentos são desejáveis em aplicações de isolamento elétrico e anti-desgaste, por exemplo, em revestimentos protectores para veios de mangas, casacos de termoaco, veios de bombas, etc. Estes revestimentos apresentam resistência ao desgaste, à corrosão e ao choque térmico.

O pó de alumina-titânia é depositado sobre grafite utilizando pulverização sob vácuo para minimizar a porosidade do revestimento pulverizado. Com a adição de titânia, a resistência ao desgaste aumenta, a força de adesão aumenta mas a dureza diminui [62]. O TiO2 é o revestimento mais resistente ao desgaste, com menor coeficiente de atrito e menos duro do que o Al2O3. A resistência ao desgaste é medida pelo ensaio POD [63]. As taxas de erosão e abrasão aumentaram três ordens de grandeza quando se aumentou o tamanho do erodente de 75 para 600 mm e as partículas de desgaste, com o aumento da titânia a taxa de erosão e abrasão diminui [64]. A porosidade do Al2O3-40%TiO2 varia entre 4 e 6%, um pó aglomerado permite melhorar a homogeneidade do revestimento, com a formação de um novo composto, o Al2TiO5. Na situação de esfera sobre disco, a resistência ao desgaste de um revestimento em pó aglomerado é mais melhorada, o coeficiente de expansão térmica da alumina e da tiania é de 8 e 7,5 (10-6k^{-1}) [65]. Os revestimentos nanoestruturados de alumina-titânia apresentam uma resistência superior ao desgaste, adesão e tenacidade.

Os depósitos pós-tratados apresentam uma maior resistência à indentação; o pós-tratamento induz propriedades de depósito por pulverização com elevada densificação. Uma melhoria nas propriedades da superfície dos depósitos tratados através da redução do diâmetro de indentação devido ao aumento da dureza da superfície e à densificação da microestrutura [66]. Os revestimentos depositados por HVOF são significativamente mais duros e resistentes, e a sua resistência à abrasão é duas vezes superior, com menos porosidade. A largura e a espessura do cordão aumentam com o aumento da fração de hidrogénio no gás de plasma e a fração de árgon aumenta a simetria do cordão. A força de ligação do revestimento, a espessura do revestimento, a microdureza e a porosidade dependem da entalpia do gás, ou seja, do **H2.** Em níveis de potência mais baixos, as partículas de titânia são fundidas, enquanto as partículas de alumina permanecem não fundidas. À medida que a potência aumenta, o teor de óxido de alumínio no revestimento aumenta e a composição do revestimento aproxima-se progressivamente da composição do pó de alimentação, a dureza e a resistência ao desgaste aumentam com a potência da tocha [67].

A determinação do coeficiente de atrito a partir do teste POD (Pin-On-Disk) é de 0,5-0,6 [68]. Os resultados de XRD, SEM e TEM mostraram que o revestimento nanoestruturado apresenta uma microestrutura bimodal. **As propriedades mecânicas aumentam, as lamelas de splat consistem em** grãos de y -Al2O3 e a maioria deles tem menos de 200 nm de diâmetro. Os grãos equiaxiais sofreram a modificação de oc-Al2O3 e variavam de 150 a 800 nm de tamanho. A microdureza de ambos os tipos de revestimento era semelhante e cerca de 820HV0.2. No entanto, a força de adesão do revestimento nanoestruturado aumentou em 33%, em comparação com a do revestimento convencional. A taxa de desgaste do revestimento nanoestruturado foi inferior à do revestimento convencional [69].

O comportamento de desgaste do revestimento de alumina-titânia pulverizado por plasma atmosférico (APS) é investigado utilizando Pin-On-Disc (POD), o coeficiente de atrito diminui com o aumento da velocidade de deslizamento e da carga aplicada. No período de rodagem, o coeficiente de atrito aumenta devido ao aumento da rugosidade da superfície de contacto. Depois, o valor do coeficiente de atrito estabiliza, representando o comportamento de desgaste do par de materiais considerado [70]. A porosidade diminui com o aumento da corrente do arco, da fração de hidrogénio e com a diminuição da taxa de alimentação do pó. As observações microestruturais mostraram que as multicamadas contêm algumas inomogeneidades, tais como porosidade, defeitos semelhantes a fissuras, partículas não fundidas, óxidos e inclusões, o que diminui a microdureza, que diminui da superfície para o substrato. O teor de porosidade do revestimento cerâmico de topo e da camada de ligação foi de aproximadamente 6% e 2%. Os valores de HV na secção transversal dos depósitos pulverizados variaram na gama de 490T84 HVN para a camada de ligação e de 666 T68 HVN para a camada superior de cerâmica. Os valores de dureza das camadas Al O3-TiO$_{22}$ /Mo são superiores aos do substrato. O módulo de elasticidade das camadas de revestimento de Mo e Al O3-TiO$_{22}$ pulverizadas é de 180 e 236 Gpa. A resistência média correspondente para a camada de ligação de Mo e o revestimento de Al O$_{23}$ - TiO$_2$ foi de 40 e 31Mpa, respetivamente [71]. O revestimento tem uma densidade baixa, com o aumento da porosidade da titânia, a dureza e o ponto de fusão diminuem, a resistência ao desgaste abrasivo aumenta com a dureza [72].

2.12 DESGASTE POR EROSÃO DE REVESTIMENTOS CERÂMICOS

Os danos na superfície podem resultar em alterações no estado da superfície e na dimensão de um componente mecânico, o que pode, por vezes, causar uma falha desastrosa de todo um sistema mecânico. Uma das abordagens económicas contra a falha da superfície é o revestimento. Várias técnicas de revestimento têm sido aplicadas com sucesso na indústria para proteger máquinas e equipamentos contra danos superficiais causados, respetivamente, por corrosão, oxidação e desgaste. No entanto, quando utilizados num ambiente agressivo que envolve dois ou mais modos de danificação, como a corrosão-desgaste ou a corrosão-erosão, muitos revestimentos têm um desempenho deficiente devido à ação sinérgica do desgaste e da corrosão. Têm sido feitos esforços consideráveis para desenvolver revestimentos de alto desempenho que possam resistir ao desgaste corrosivo encontrado em várias indústrias, como a mineira, a petrolífera e a química [73]. Foi referido que a aspersão térmica é uma técnica que produz uma vasta gama de revestimentos para diversas aplicações [74].

Os revestimentos de uma grande variedade de materiais são normalmente aplicados a substratos para muitos fins. Frequentemente, os revestimentos são aplicados para melhorar o desempenho tribológico. Estes podem incluir a melhoria das propriedades mecânicas, do aspeto visual ou da resistência à corrosão ou podem proporcionar propriedades magnéticas e ópticas especiais [75]. Os revestimentos pulverizados por plasma são atualmente utilizados como barreiras térmicas e revestimentos resistentes à abrasão, à erosão ou à corrosão numa grande variedade de aplicações [76]. A pulverização por plasma é o processo de pulverização térmica mais flexível e versátil no que respeita aos materiais pulverizados. Quase todos os materiais podem ser utilizados para pulverização por plasma em quase todos os tipos de substratos. As altas temperaturas dos processos de pulverização por plasma permitem a deposição de revestimentos para aplicações nas áreas da corrosão líquida e a alta temperatura e da proteção contra o desgaste, bem como aplicações especiais para fins térmicos, eléctricos e biomédicos [77,78].

A perda de material causada pelo impacto de partículas sólidas minúsculas, que têm uma velocidade elevada e incidem na superfície do material em ângulos definidos, é designada por desgaste erosivo [79]. As partículas ingeridas no motor ou formadas em resultado de uma combustão incompleta são conhecidas por causarem problemas de erosão nas turbinas a gás [80,81]. A erosão é um problema grave em muitos sistemas de engenharia, incluindo turbinas a vapor e a jato, condutas e válvulas utilizadas no transporte de matéria em suspensão e sistemas de combustão em leito fluidizado [82]. As turbinas a gás e a vapor operam em ambientes onde a ingestão de partículas sólidas é inevitável. Em aplicações industriais e na produção de energia, tais como caldeiras a carvão, leitos fluidizados e turbinas a gás, são produzidas partículas sólidas durante a combustão de óleos pesados, combustíveis sintéticos e carvão pulverizado, causando a erosão dos materiais. Nestes ambientes, são frequentemente utilizados revestimentos protectores na superfície das superligas [83,84]. Os ensaios de erosão em revestimentos têm sido amplamente divulgados. No entanto, os mecanismos de danificação do revestimento neste tipo de ensaio dependem do material do revestimento e da sua espessura, das propriedades da interface, do material do substrato e das condições de ensaio [85].

A erosão por impacto de líquidos é um fenómeno bem conhecido em lâminas de turbinas a vapor de baixa pressão e hidroeléctricas, e também em aeronaves ou mísseis que viajam a alta velocidade através da chuva [86-88]. O dano material é causado principalmente pela alta pressão provocada pelo impacto de gotículas de líquido e pela ação de microjactos devido ao colapso assimétrico de bolhas na superfície ou perto dela, Lee et al, [89] investigaram a resistência à erosão por impacto de líquidos do aço 12Cr e do stellite 6B revestido com TiN por revestimento reativo de iões por pulverização catódica com magnetrões. As tensões geradas pelo impacto das gotículas foram reduzidas pelo TiN em resultado da atenuação das tensões e das interacções das ondas de tensão,

A Erosão por Partículas Sólidas (SPE) é um processo de desgaste em que as partículas chocam contra as superfícies e promovem a perda de material. Durante o voo, uma partícula transporta momentum e energia cinética, que podem ser dissipados durante o impacto, devido à sua interação com a superfície do alvo. Foram propostos diferentes modelos que permitem estimar as tensões que uma partícula em movimento irá impor a um alvo [90], Foi observado experimentalmente por muitos investigadores que, durante o impacto, o alvo pode ser localmente riscado, extrudido, fundido e/ou fissurado de diferentes formas. O dano superficial imposto varia com o material do alvo, a partícula erodente, o ângulo de impacto, o tempo de erosão, a velocidade da partícula, a temperatura e a atmosfera,

Os revestimentos pulverizados por plasma são atualmente utilizados como revestimentos resistentes à erosão ou à abrasão numa grande variedade de aplicações. A investigação extensiva mostra que os parâmetros de deposição, como a entrada de energia no plasma e as propriedades do pó, afectam a porosidade, a dimensão das partículas, a composição das fases, a dureza, etc., dos revestimentos pulverizados por plasma [91],

A resistência dos componentes de engenharia que se deparam com o ataque de ambientes erosivos durante o funcionamento pode ser melhorada através da aplicação de revestimentos cerâmicos nas suas superfícies. Alonso et. al. [92] fizeram experiências com a produção de revestimentos resistentes à erosão por projeção de plasma em compósitos de fibra de carbono e epóxi e estudaram o seu comportamento à erosão. A sensibilidade térmica do substrato compósito exige um procedimento de projeção específico para evitar a sua degradação. Além disso, foram experimentadas várias camadas de ligação para permitir a pulverização dos revestimentos protectores.

Dois revestimentos funcionais diferentes; um cermet (WC-12 Co) e um óxido cerâmico (Al2O3) foram pulverizados sobre uma camada de ligação alumínio-vidro. A microestrutura e as propriedades destes revestimentos foram estudadas e o seu comportamento à erosão foi determinado experimentalmente num dispositivo de ensaio de erosão. Tabakoff e Shanov [93] conceberam uma instalação de ensaio de erosão a alta temperatura para fornecer dados de erosão na gama de temperaturas de funcionamento registadas em compressores e turbinas. Para além das temperaturas elevadas, a instalação simula corretamente todos os parâmetros de erosão importantes do ponto de vista da aerodinâmica. Estes incluem a velocidade das partículas, o ângulo de impacto, o tamanho das partículas, a concentração de partículas e o tamanho da amostra. Os autores relataram o comportamento de erosão de um revestimento de carboneto de titânio exposto a cinzas volantes e partículas de cromite. Foi utilizada a técnica de deposição química de vapor (CVD) para aplicar um revestimento cerâmico em superligas à base de níquel e cobalto (M246 e X40). Os provetes de ensaio foram expostos a um fluxo carregado de partículas a velocidades de 305 e 366ms^{-1} e a temperaturas de 550°C e 815°C.

Existe um grande número de relatórios sobre o comportamento à erosão dos revestimentos de alumina. A resistência à erosão destes revestimentos depende da coesão entre placas, da forma, tamanho e dureza das partículas erodentes, da velocidade das partículas, do ângulo de impacto e da presença de fissuras e poros [94]. A erosão de revestimentos de alumina pulverizados por chama, com pasta (SiC e SiO2) e com partículas transportadas pelo ar (Al2O3 e SiO2), também foi referida na literatura. Verifica-se que o SiC e o Al2O3 causam uma quantidade significativa de erosão nos ensaios de erosão em suspensão e no ar, respetivamente. A velocidade elevada das partículas aumenta a taxa de erosão e a taxa de erosão é máxima para um ângulo de impacto de 90^0 . A falha ocorre através da remoção progressiva das placas e pode ser atribuída à presença de defeitos e poros nas regiões entre placas. Foi feita uma observação semelhante para os revestimentos de alumina pulverizados por plasma sujeitos a um desgaste erosivo causado pelas partículas de SiO2 [95].

Branco et. al. [96] examinaram a erosão por partículas sólidas, à temperatura ambiente, de revestimentos cerâmicos à base de zircónia e alumina, com diferentes níveis de porosidade e com microestrutura e propriedades mecânicas variáveis. Os ensaios de erosão foram realizados por um jato de partículas de alumina com um tamanho médio de 50 |im a 70m/s, transportadas por um jato de ar com ângulo de incidência de 900.

Os resultados indicam que existe uma forte relação entre a taxa de erosão e a porosidade do revestimento.

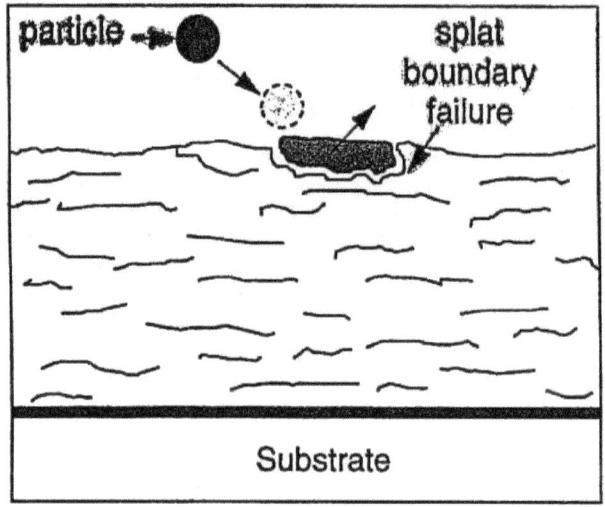

Fig. 2.8 Um diagrama esquemático dos modos de falha de um TBC APS.

O comportamento melhorado à erosão está associado aos modos de falha dos revestimentos cerâmicos APS. Como se mostra na Fig.2.8, o revestimento APS falha por propagação de fissuras em torno dos limites das manchas e através da rede de microfissuras, que são inerentes à microestrutura do APS e que proporcionam um grau de tolerância à deformação.

CAPÍTULO 3

MONTAGEM EXPERIMENTAL E METODOLOGIA

3.1 INTRODUÇÃO

Este capítulo trata dos pormenores dos procedimentos experimentais seguidos neste estudo. O procedimento de revestimento em si requer alguma preparação básica, ou seja, jato de granalha e limpeza. Após a pulverização por plasma, os materiais revestidos foram submetidos a uma série de ensaios, por exemplo, caraterização microestrutural das superfícies e secções transversais, medição da microdureza, estudos de difração de raios X, ensaio de adesão, ensaio de desgaste por erosão, etc. Os pormenores de cada processo são aqui descritos.

3.2 DESENVOLVIMENTO DOS REVESTIMENTOS

3.2.1 Preparação de pós

Neste estudo, os pós de alumina e titânia (alumina com 13 wt% de titânia) são moídos mecanicamente num moinho de bolas planetário FRITSCH durante 3 horas para obter uma mistura homogénea. O moinho de bolas planetário tem 4 números de bolas de zircónio (20g) e 20 números de bolas de zircónio (2g) para moagem. Os pós obtidos foram peneirados numa gama de tamanhos de partículas adequada com a ajuda de um agitador de peneiras roto-tap, utilizando peneiras de teste de laboratório (ISO R565). O tamanho das partículas dos pós considerados no estudo varia entre 40 e 100 micrómetros, sendo a maior parte de cerca de 50 micrómetros utilizada como matéria-prima para a deposição de revestimentos em vários substratos.

3.2.2 Preparação do substrato

O cobre e o aço macio disponíveis no mercado foram escolhidos como diferentes materiais de substrato. Os espécimes são circulares, ou seja, um disco com 1 polegada de diâmetro e 3 mm de espessura. As amostras são jateadas a uma pressão de 3 kg/cm^2 utilizando grãos de alumina com um tamanho de grão de 60. A distância de afastamento no jato de granalha é mantida entre 120-150 mm. A rugosidade média dos substratos é de 6,8 pm. As amostras jateadas são limpas com acetona numa unidade de limpeza ultra-sónica. A pulverização é efectuada imediatamente após a limpeza.

3.2.3 Deposição de revestimento por pulverização de plasma

3.2.3.1 Os requisitos para a pulverização por plasma

Rugosidade da superfície do substrato:

Uma superfície rugosa proporciona uma boa aderência do revestimento. Uma superfície rugosa proporciona espaço suficiente para a ancoragem das lamelas, facilitando a ligação através do encravamento mecânico. Uma superfície rugosa é geralmente criada pela técnica de granalhagem. As granalhas são mantidas dentro de uma tremonha e o ar comprimido é fornecido no fundo da tremonha. As granalhas são levadas pela corrente de ar comprimido para uma mangueira e, por fim, dirigidas para um objeto mantido em frente do bocal de saída da mangueira. Os projécteis utilizados para este fim têm uma forma irregular, são altamente angulares e são constituídos por material duro como alumina, carboneto de silício, etc. Após o impacto, criam pequenas crateras na superfície por deformação plástica localizada e, finalmente, produzem uma superfície muito rugosa e altamente trabalhada. A rugosidade obtida é determinada pelos parâmetros da granalhagem, ou seja, o tamanho, a forma e o material da granalha, a pressão do ar, a distância entre o bocal e o trabalho, o ângulo de impacto, o material do substrato, etc. [97]. O efeito dos parâmetros de granalhagem na adesão da alumina pulverizada por plasma foi estudado [98]. O aço macio serve como material de substrato. A adesão aumenta proporcionalmente com a rugosidade da superfície e os parâmetros acima referidos são importantes. Um intervalo de tempo significativo entre a granalhagem e a projeção de plasma provoca uma diminuição acentuada da força de ligação [99].

Limpeza dos substratos:

O substrato a pulverizar deve estar isento de sujidade, gordura ou qualquer outro material que possa impedir o contacto íntimo entre o splat e o substrato. Para este efeito, o substrato deve ser cuidadosamente limpo (por ultra-sons, se possível) com um solvente antes da pulverização. A pulverização deve ser efectuada imediatamente após a granalhagem e a limpeza. Caso contrário, nas superfícies nascentes, as camadas de óxido tendem a crescer rapidamente e a humidade pode também afetar a superfície. Estes factores deterioram drasticamente a qualidade do revestimento [99].

Revestimento de ligação:

Materiais como a cerâmica não podem ser pulverizados diretamente sobre metais, devido a uma grande diferença entre os seus coeficientes de expansão térmica. A cerâmica tem um valor muito mais baixo de a e, por isso, sofre uma contração muito menor em comparação com a base metálica para formar uma superfície em compressão. Se a tensão de compressão exceder um determinado limite, o revestimento descola-se. Para atenuar este problema, um material adequado, geralmente metálico de valor intermédio a, é pulverizado a plasma sobre o substrato, seguido da pulverização a plasma de cerâmica. O revestimento de ligação pode também ser útil para revestimentos de topo metálicos. O molibdénio é um exemplo clássico de revestimento de ligação para acabamentos metálicos. O molibdénio adere muito bem ao substrato de aço e desenvolve uma superfície superior algo rugosa, ideal para a pulverização da camada superior. A escolha dos revestimentos de ligação depende da aplicação. Por exemplo, em aplicações de desgaste, pode ser utilizada uma combinação de revestimentos de topo e de ligação de alumina e Ni-AI [100]. Na aplicação de barreira térmica, a camada de ligação CoCrAlY ou Ni-AI [101] e a camada superior de zircónio são populares. Os revestimentos cerâmicos, quando sujeitos a cargas hertzianas, deformam-se elasticamente e o substrato metálico deforma-se plasticamente. Durante a descarga, ocorre a recuperação elástica do revestimento, ao passo que para o substrato metálico já ocorreu uma fixação permanente. Devido a este desfasamento elastoplástico, o revestimento tende a fragmentar-se na interface. Um revestimento de ligação também pode reduzir este desfasamento.

Água de arrefecimento:

Para efeitos de arrefecimento, deve ser utilizada água destilada, sempre que possível. Normalmente, um pequeno volume de água destilada é recirculado para a pistola e esta é arrefecida por uma fonte externa de água proveniente de um grande depósito. Por vezes, a água de um grande tanque externo é bombeada diretamente para a pistola [102].

3.2.3.2 Pulverização por plasma

A pulverização por plasma é efectuada na Divisão de Tecnologia de Plasma e Laser, Centro de Investigação Atómica de Bhabha, Mumbai. É utilizada uma instalação convencional de pulverização por plasma atmosférico (APS) de 40 kW. A potência de entrada do plasma varia de 11 a 21 kW, controlando o caudal de gás, a tensão e a corrente do arco. A taxa de alimentação de pó é mantida constante a 15 gm/min, utilizando um alimentador volumétrico de pó do tipo prato giratório.

A disposição geral do equipamento de projeção de plasma é mostrada na fig.3.1.

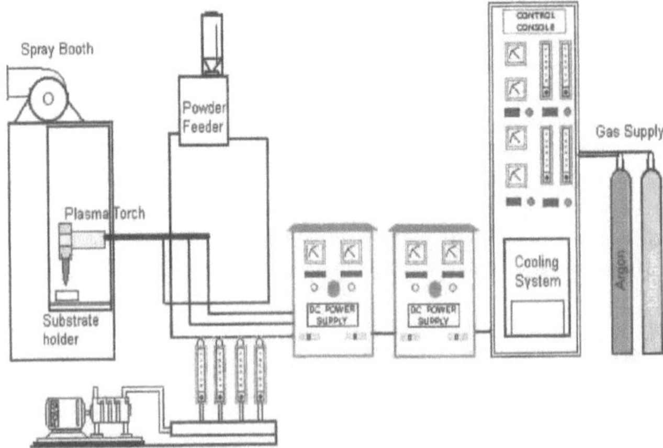

Fig. 3.1 Disposição geral do equipamento de projeção de plasma.

O equipamento é constituído pelas seguintes unidades [**102**]:

1. Maçarico de plasma
2. Consola de controlo
3. Alimentador de pó
4. Unidade de alimentação eléctrica
5. Sistema de arrefecimento a água
6. Garrafas de gás e acessórios

- O maçarico de plasma:

É o dispositivo que aloja os eléctrodos e no qual tem lugar a reação de plasma. Tem a forma de uma tocha e está ligado aos cabos de alimentação eléctrica arrefecidos a água, à mangueira de alimentação de pó e à mangueira de alimentação de gás.

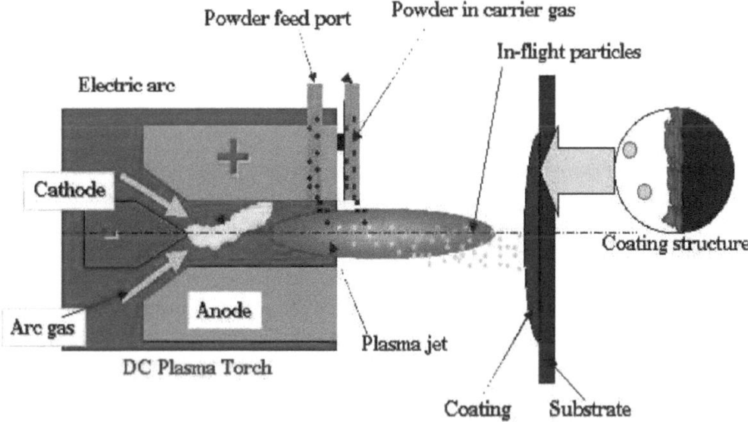

Fig. 3.2 Esquema do desenvolvimento do revestimento por projeção de plasma.

A tocha de plasma, como se mostra na fig. 3.2, é constituída por um cátodo, feito de tungsténio thoriated para uma melhor emissão termo-iónica e um ânodo de cobre em forma de bocal para jato de plasma de alta velocidade. As dimensões são: diâmetro do bocal: 6 mm, intervalo entre o cátodo e o ânodo fixado em 12 mm e comprimento do cátodo: 50 mm. Ambos os eléctrodos são arrefecidos a água. Os eléctrodos estão separados por um bloco isolante feito de teflon que tem uma disposição para a injeção de gás. O pó a depositar por pulverização é injetado através de uma porta de injeção situada na saída do bico. É criado um arco entre o cátodo e o ânodo (ambos arrefecidos a água).

O gás gerador de plasma é forçado a passar através do espaço anular entre os eléctrodos. Ao passar pelo arco, o gás sofre ionização no ambiente de alta temperatura, resultando no plasma. A ionização é conseguida através de colisões de electrões do arco com as moléculas neutras do gás. O plasma sai do invólucro do elétrodo sob a forma de uma chama.

O material consumível, na forma de pó, é vertido na chama em quantidades doseadas. Os pós fundem-se imediatamente e absorvem o impulso do gás em expansão, precipitando-se em direção ao alvo a uma velocidade de 100 m/s, formando uma fina camada depositada. A camada seguinte deposita-se sobre a primeira imediatamente a seguir, e assim o revestimento vai-se formando camada a camada. A temperatura no arco de plasma pode atingir os 10.0000C, a velocidade é de 600-800m/seg e é capaz de derreter qualquer coisa. É necessário um sistema de arrefecimento elaborado para proteger a tocha de plasma (ou seja, o gerador de plasma) de um aquecimento excessivo.

• A unidade de controlo:

As funções importantes (controlo da corrente, controlo do caudal de gás, etc.) são executadas pela unidade de controlo. É também constituída por relés, válvulas solenóides e outras disposições de encravamento essenciais para o funcionamento seguro do equipamento. Por exemplo, o arco só pode ser iniciado se a alimentação do refrigerante estiver ligada e a pressão e o caudal da água forem adequados.

- **O alimentador de pó:**

Para injetar os pós no jato de plasma, é utilizado um alimentador de pós do tipo prato giratório, concebido e desenvolvido na Divisão L&PT do BARC. O pó é mantido dentro de uma tremonha. O caudal de pó pode ser variado através da velocidade do motor. O caudal do pó pode ser controlado com precisão. Uma linha de gás separada dirige o gás de carreira que fluidifica o pó e o transporta para o arco de plasma. O caudal do gás de transporte é escolhido de forma a que as partículas de pó entrem no núcleo do plasma. Com um caudal inferior, as partículas podem não conseguir entrar no núcleo do plasma, o que conduz a uma má qualidade do revestimento. Por outro lado, se o caudal do gás de arrastamento for muito grande, as partículas de pó atravessarão a zona central do plasma sem uma fusão adequada, o que conduzirá a uma má qualidade do revestimento. O caudal de gás de transporte tem de ser optimizado para cada pó em particular.

- **A unidade de alimentação eléctrica :**

Normalmente, o arco de plasma funciona num ambiente de baixa tensão (30-60 volts) e alta corrente (300-700 Amperes), DC. A energia disponível (CA, trifásica, 440 V) deve ser transformada e rectificada para se adequar ao reator. Isto é efectuado pela unidade de alimentação. A fonte de alimentação tem uma unidade HF de controlo total, constituída por um transformador HF (1 MHz).

- **A unidade de abastecimento de água de refrigeração:**

Faz circular água para a tocha de plasma, para a unidade de alimentação eléctrica e para os cabos de alimentação. Também estão disponíveis unidades capazes de fornecer água refrigerada.

- **O sistema de alimentação de gás:**

O sistema de alimentação de gás é composto por cilindros de gás, manómetros e tubos de gás. Cada uma das garrafas tem uma capacidade de $7m^3$. A pressão foi mantida a 75 kg/cm^2. Existe um sistema de alimentação de gás para o gás primário, o gás secundário e o gás de transporte. Podem ser seleccionadas taxas de fluxo de gás adequadas, dependendo da potência de funcionamento e da natureza do material a ser revestido.

Uma bomba centrífuga de circuito fechado de quatro fases a uma pressão de 10 kgf/cm^2 fornece água de arrefecimento para o sistema. O árgon é utilizado como gás de plasma primário e o azoto como gás secundário. O gás de plasma primário (árgon) e o gás secundário (azoto) são retirados de cilindros normais a uma pressão de saída de 4 kgf/cm^2. Os pós são depositados num ângulo de pulverização de 90°. A alimentação do pó é externa, através de um alimentador elétrico do tipo prato giratório. As propriedades dos revestimentos dependem dos parâmetros do processo de pulverização. Os parâmetros operacionais durante o processo de deposição do revestimento estão listados na tabela 3.1.

Operating Parameters	Values
Plasma Arc Current (amp)	280, 360, 425, 500
Arc Voltage (volt)	40, 40 , 44 , 44
Torch Input Power (kW)	11,15,18,21
Plasma Gas (Argon) Flow Rate (lpm)	28
Secondary Gas (N_2) Flow Rate (lpm)	3
Carrier Gas (Argon) Flow Rate (lpm)	12
Powder Feed Rate (gm/min)	15
Torch to Base Distance TBD (mm)	100

Tabela 3.1 Parâmetros de funcionamento durante a deposição do revestimento.

O revestimento é progressivamente construído por impacto de partículas sucessivas através do processo de achatamento, arrefecimento e solidificação, como na fig.3.3. Em virtude das elevadas taxas de arrefecimento, normalmente 10^5 a 10^6 K/seg., as microestruturas resultantes são de grão fino e homogéneas.

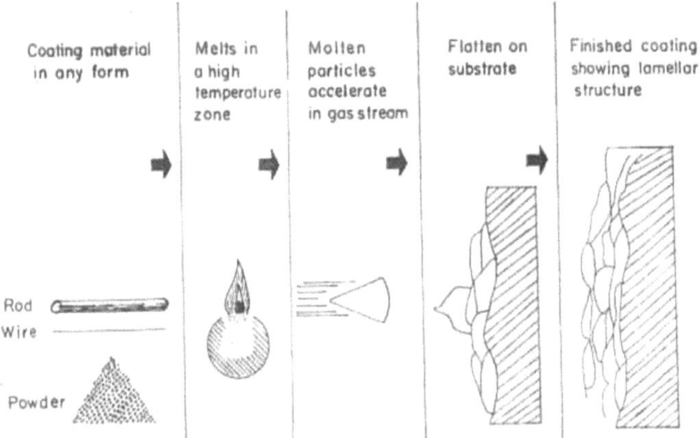

Fig. 3.3 Esquema da formação do revestimento.

3.2.3.3 Parâmetros do processo de pulverização por plasma

Na pulverização por plasma, é necessário lidar com uma série de parâmetros do processo, que determinam o grau de fusão das partículas, a força de adesão e a eficiência de deposição do pó. A eficiência da deposição é o rácio entre a quantidade de pó depositado e a quantidade introduzida na pistola. A literatura apresenta uma listagem pormenorizada destes parâmetros e dos seus efeitos [103]

Alguns parâmetros importantes e as suas funções são enumerados a seguir:

Potência do arco:

É a energia eléctrica consumida pelo arco. A energia é injectada no gás de plasma, que por sua vez aquece o fluxo de plasma. Parte da energia é dissipada sob a forma de radiação e também pela água de arrefecimento da pistola. A potência do arco determina o caudal de massa de um determinado pó que pode ser efetivamente fundido pelo arco.

A eficiência da deposição melhora até certo ponto com um aumento da potência do arco, uma vez que está associada a uma maior fusão das partículas [99,103,104]. No entanto, o aumento da potência para além de um certo limite pode não causar uma melhoria significativa. Pelo contrário, uma vez alcançada a fusão completa das partículas, uma temperatura mais elevada do gás pode revelar-se prejudicial. No caso do aço, a certa altura pode ocorrer vaporização, o que diminui a eficiência da deposição.

Gás de plasma:

Normalmente, o azoto ou o árgon dopados com cerca de 10% de hidrogénio ou hélio são utilizados como gás de plasma. O maior constituinte da mistura gasosa é conhecido como gás primário e o menor é conhecido como gás secundário. As moléculas neutras são submetidas ao bombardeamento de electrões, o que resulta na sua ionização.

A temperatura e a entalpia do gás aumentam à medida que este absorve energia. Uma vez que o azoto e o hidrogénio são gases diatómicos, sofrem primeiro uma dissociação seguida de ionização. Assim, necessitam de uma maior quantidade de energia para entrar no estado de plasma. Esta energia extra aumenta a entalpia do plasma.

Por outro lado, os gases de plasma mono atómicos, ou seja, o árgon ou o hélio, aproximam-se de uma temperatura muito mais elevada na gama de entalpia normal. Espera-se que tenham uma boa capacidade de aquecimento a uma temperatura tão elevada [105]. Além disso, o hidrogénio seguido do hélio tem um calor específico muito elevado e, por conseguinte, é capaz de adquirir uma entalpia muito elevada. Quando o árgon é dopado com hélio, o cone de pulverização torna-se bastante estreito, o que é especialmente útil para a pulverização em alvos pequenos.

Gás portador:

Normalmente, o próprio gás primário é utilizado como gás de transporte. O caudal do gás de carreira é um fator importante. Um caudal muito baixo não pode transportar eficazmente o pó para o jato de plasma e, se o caudal for muito elevado, os pós podem escapar à região mais quente do jato. Existe um caudal ótimo para cada pó, no qual a fração de pó não fundido é mínima e, por conseguinte, a eficiência da deposição é máxima [103].

Caudal mássico do pó:

É necessário determinar o caudal de massa ideal para cada pó. A pulverização com um caudal mássico inferior, mantendo todas as outras condições constantes, resulta numa subutilização e numa lenta formação do revestimento. Por outro lado, um caudal mássico muito elevado pode dar origem a uma fusão incompleta, resultando numa elevada quantidade de porosidade no revestimento. Os pós não fundidos podem saltar para fora da superfície do substrato, mantendo a eficiência da deposição baixa [103].

Distância entre a lanterna e a base:

É a distância entre a ponta da pistola e a superfície do substrato. Uma distância longa pode resultar no congelamento das partículas fundidas antes de atingirem o alvo, enquanto que uma distância curta pode não dar tempo suficiente para que as partículas em voo se fundam [99,103].

A relação entre as propriedades do revestimento e os parâmetros de pulverização na pulverização de alumina alfa foi estudada em pormenor.

Verificou-se que a porosidade aumenta e a espessura do revestimento (logo, a eficiência da deposição) diminui com o aumento da distância de afastamento. A transformação habitual da fase alfa em fase gama durante a pulverização de alumina por plasma também foi restringida pelo aumento desta distância. Uma maior fração das partículas não fundidas entra no revestimento devido a um aumento da distância entre a tocha e a base.

Ângulo de pulverização:

Este parâmetro é variado para se adaptar à forma do substrato. No revestimento de alumina em substrato de aço macio, verifica-se que a porosidade do revestimento aumenta à medida que o ângulo de projeção aumenta de 30° para 60°. Para além de 60°, o nível de porosidade não é afetado por um novo aumento do ângulo de pulverização.

O ângulo de pulverização também afecta a força adesiva do revestimento. A influência do ângulo de pulverização na força coesiva da crómio, zircónio 8-wt% yittria e molibdénio foi investigada, e verificou-se que o ângulo de pulverização não tem muita influência na força coesiva dos revestimentos [106].

Arrefecimento do substrato:

Durante uma pulverização contínua, o substrato pode aquecer e desenvolver uma distorção relacionada com o stress térmico, acompanhada de um descolamento do revestimento. Isto é especialmente verdadeiro em situações em que são aplicados depósitos espessos.

Para controlar a temperatura do substrato, este é mantido frio por um sistema auxiliar de fornecimento de ar. Além disso, o jato de ar de arrefecimento remove as partículas não fundidas da superfície revestida e ajuda a reduzir a porosidade [99].

Variáveis relacionadas com o pó:

Estas variáveis são a forma, o tamanho e a distribuição do tamanho do pó, o historial do processamento, a composição das fases, etc. Constituem um conjunto de parâmetros extremamente importantes. Por exemplo, numa dada situação, se o tamanho do pó for demasiado pequeno, pode ser vaporizado.

Por outro lado, uma partícula muito grande pode não fundir substancialmente e, por conseguinte, não se depositar. A forma do pó também é muito importante. Um pó esférico não terá as mesmas características que os angulares e, por conseguinte, ambos não poderão ser pulverizados' utilizando o mesmo conjunto de parâmetros [107].

Ângulo de injeção do pó:

Os pós podem ser injectados no jato de plasma perpendicularmente, coaxialmente ou obliquamente. O tempo de permanência dos pós no jato de plasma varia com o ângulo de injeção para um determinado caudal de gás de transporte.

O tempo de permanência, por sua vez, influenciará o grau de fusão de um determinado pó. Por exemplo, para fundir materiais com elevado ponto de fusão, pode ser útil um tempo de residência longo e, por conseguinte, uma injeção oblíqua. Verifica-se que o ângulo de injeção também influencia a resistência coesiva e adesiva dos revestimentos [102].

3.3 CARACTERIZAÇÃO DO PÓ

3.3.1 Análise do tamanho das partículas

As dimensões das partículas das matérias-primas utilizadas para o revestimento (alumina, pó de titânia a 13 wt%) são caracterizadas utilizando o analisador de dimensão de partículas a laser da Malvern Instruments.

3.4 CARACTERIZAÇÃO DE REVESTIMENTOS

3.4.1 Medição da espessura do revestimento

A espessura dos revestimentos de alumina-titânia em diferentes substratos é medida nas secções transversais polidas das amostras, utilizando um microscópio ótico. São efectuadas cinco leituras em cada amostra e o valor médio é indicado como a espessura média do revestimento.

3.4.2 Avaliação da eficiência da deposição do revestimento

A eficiência da deposição é definida como o rácio entre o peso do revestimento depositado no substrato e o peso da matéria-prima gasta. O método de pesagem é amplamente aceite para medir esta relação. Cada amostra é pesada antes e depois da deposição do revestimento. A diferença é o peso (Gc) do revestimento depositado no substrato. A partir da taxa de alimentação de pó e do tempo de deposição, determina-se o peso do material de alimentação gasto (Gp). A eficiência de deposição (r|) é então calculada utilizando a seguinte equação [108].

$$\eta = (Gc / G_p \times 100) \%$$

A pesagem das amostras é efectuada com uma balança eletrónica de precisão com uma exatidão de + 0,1 mg.

3.4.3 Avaliação da resistência da ligação da interface do revestimento

Para avaliar a força de adesão do revestimento, é fabricado um dispositivo especial (fig. 3.4). São preparadas amostras cilíndricas de aço macio (comprimento de 25 mm, diâmetro superior e inferior de 12 mm). As superfícies dos manequins são tornadas ásperas por perfuração. Estes manequins são depois fixados no topo do revestimento com a ajuda de um adesivo polimérico (epóxi 900-C) e puxados com tensão depois de montados no gabarito (fig.3.5). O ensaio de arrancamento do revestimento é efectuado utilizando o Instron 1195 a uma velocidade de cruzamento de 1 mm/minuto.

Fig. 3.4 Gabarito utilizado para o ensaio
Fig. 3.5 Amostra sob tensão

Fig. 3.6 Ensaio de aderência com Instron 1195 UTM.

No momento em que o revestimento é arrancado da amostra, a leitura (da carga), que corresponde à resistência adesiva do revestimento, é registada. A figura 3.6 mostra uma configuração típica de ensaio (durante o ensaio). O ensaio é efectuado de acordo com a norma ASTM C-633.

3.4.4 Medição da porosidade

A medição da porosidade é efectuada utilizando a técnica de análise de imagem. A porosidade dos revestimentos foi medida colocando secções transversais polidas da amostra de revestimento num microscópio (Neomate) equipado com uma câmara CCD (JVC, TK 870E). Este sistema é utilizado para obter uma imagem digitalizada do objeto [109]. A imagem digitalizada é transmitida para um computador equipado com o software de análise de imagem VOIS. A área total captada pela objetiva do microscópio ou uma fração da mesma pode ser medida com precisão pelo software. Assim, a área total e a área coberta pelos poros são medidas separadamente e a porosidade da superfície em exame é determinada.

3.4.5 Medição da microdureza

São cortados pequenos espécimes das amostras revestidas. As amostras com secções transversais do revestimento são montadas e polidas para a medição da microdureza. A observação microscópica ao microscópio ótico da secção polida dos revestimentos mostra três regiões/fases nitidamente diferentes: cinzenta, escura e manchada/misturada. A medição da microdureza Vickers é efectuada nestas fases opticamente distinguíveis utilizando o aparelho de medição da microdureza Leitz equipado com um monitor e um controlador com microprocessador, com uma carga de 0,245N e um tempo de carga de 20 segundos. São efectuadas cerca de doze ou mais leituras em cada amostra e o valor médio é indicado como ponto de dados.

3.4.6 Estudos de difração de raios X

A técnica de difração de raios X é utilizada para identificar as diferentes fases (cristalinas) presentes nos revestimentos [110]. A análise XRD é feita utilizando **radiação** Cu-Ka filtrada por Ni **num** difratómetro de raios X Philips. O espaçamento d caraterístico de todos os valores possíveis é retirado dos cartões JCPDS e é comparado com os valores d obtidos a partir dos padrões XRD para identificar os vários picos de raios X obtidos.

3.4.7 Estudos de Microscopia Eletrónica de Varrimento

Os espécimes revestidos por pulverização de plasma e os pós processados por plasma são estudados pelo microscópio eletrónico de varrimento JEOL JSM-6480 LV, utilizando principalmente a imagem eletrónica secundária. A superfície, bem como a morfologia da interface de todos os revestimentos, são observadas ao microscópio. Pequenos espécimes são cortados das amostras revestidas e montados com pós de

32

moldagem termoendurecíveis. As secções transversais do revestimento são polidas em três fases com lixas SiC de granulometria reduzida e depois com pastas de diamante num disco para análise da interface do revestimento no MEV. Estas amostras são também utilizadas para a medição da microdureza.

3.5 COMPORTAMENTO DOS REVESTIMENTOS AO DESGASTE POR EROSÃO

A erosão por partículas sólidas (SPE) é normalmente simulada em laboratório por um de dois métodos. **O método de "jato de areia", em que** as partículas são transportadas num fluxo de ar e incidem sobre um alvo estacionário. O diagrama esquemático do equipamento de ensaio de erosão do tipo "jato de areia" é apresentado na **fig. 3.7 e o método do "braço giratório", em que o alvo é rodado através de uma câmara de** partículas **em queda**.

Diagrama esquemático do equipamento de ensaio de erosão

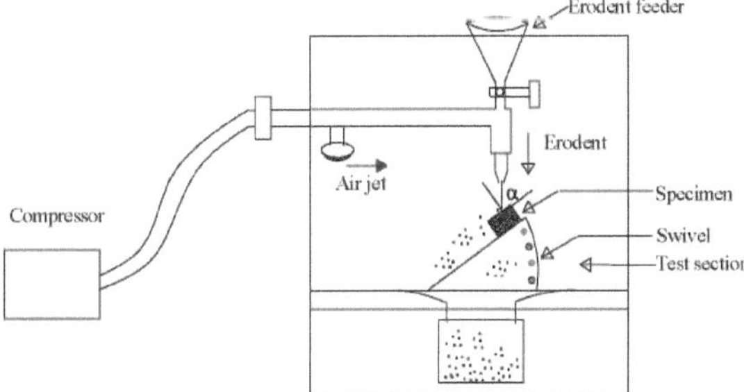

Na presente investigação, é utilizado um aparelho de erosão (fabricado em laboratório) do tipo "jato de areia", como se mostra na fig. 3.8. É capaz de criar situações erosivas altamente reproduzíveis numa vasta gama de tamanhos de partículas, velocidades, fluxos de partículas e ângulos de incidência, a fim de gerar dados quantitativos sobre os materiais e estudar os mecanismos de danos. O ensaio é efectuado de acordo com as normas ASTM G76.

(a)   (b)

Fig. 3.8 Instalação do ensaio de erosão

O equipamento de ensaio de erosão por jato utilizado neste trabalho utiliza um bocal de 300 mm de diâmetro e 300 mm de comprimento. Esta dimensão do bocal permite a utilização de uma gama mais alargada de tipos de partículas no decurso dos ensaios, permitindo uma melhor simulação das condições reais de erosão. O caudal mássico é medido pelo método convencional. As partículas são introduzidas na ranhura a partir de uma tremonha simples, por gravidade. A velocidade de impacto é medida utilizando o método do disco duplo [111]. Algumas das características desta configuração de ensaio são:

- Travessia vertical para o bocal: proporciona uma distância variável entre o bocal e o alvo, o que influencia o tamanho da área erodida.
- Podem ser acomodados diferentes bocais: permite alterar as dimensões da pluma de partículas e a gama de velocidades.
- Grande câmara de teste com suporte de amostra (tamanho típico da amostra 25 mm x 25 mm) que pode ser inclinado na direção do fluxo: inclinando o estágio da amostra, o ângulo de impacto das partículas pode ser alterado na gama de 00 - 900 e isto influenciará o processo de erosão.

Neste trabalho, é efectuado um ensaio de erosão de partículas sólidas à temperatura ambiente num substrato de aço macio revestido com alumina + 13% de titânia como material de alimentação (revestido a 11 kW e 18 kW). O revestimento efectuado com uma potência de 11 kW é erodido em diferentes ângulos de impacto de 30° e 90°. O bocal (2,2 mm ID) é mantido a 100 mm, 125 mm, 150 mm, 175 mm e 200 mm de distância do alvo. As partículas secas de areia de sílica com um tamanho médio de 200,300 e 400^m a uma velocidade de alimentação de 50gm/min são utilizadas como erodente com uma velocidade média de 32m/s (medida pelo método do disco duplo [111]) e uma pressão de 4kgf/cm^2 . O revestimento depositado a um nível de potência de 18 kW é erodido a 30°, 45º , 60º , 75º e 90° de ângulo em SOD de 100mm, 150mm. Neste caso, são utilizadas partículas de areia de sílica seca de tamanho 200 e 400^m como erodente com diferentes velocidades, isto é, 32m/seg, 38m/seg, 45m/seg, 52m/seg e 58m/seg e a pressões de 4kgf/cm^2 , 4.7kgf/cm^2 , 5,5kgf/cm^2 , 6,1kgf/cm^2 , 6,5kgf/cm^2 com uma taxa de alimentação de 50gm/min, 54gm/min, 58gm/min, 60gm/min e 62 gm/min. A quantidade de desgaste é determinada **com base na "perda de massa"** [112,113]. Para o efeito, mede-se a variação de peso das amostras a intervalos regulares durante a duração do ensaio. Para a pesagem, é utilizada uma balança eletrónica de precisão com uma exatidão de + 0,01 mg. Calcula-se a taxa de erosão, definida como a perda de massa do revestimento por unidade de massa do erodente (gm/gm). As taxas de erosão são calculadas para diferentes tamanhos de erodente, diferentes velocidades de erodente, ângulos de impacto, dose de erodente e distâncias de afastamento.

CAPÍTULO 4

RESULTADOS E DISCUSSÃO

4.1 INTRODUÇÃO

Foram desenvolvidos revestimentos por pulverização de plasma de alumina com 13% em peso de titânia em dois substratos metálicos diferentes (cobre e aço macio) utilizando um sistema de pulverização de plasma atmosférico de 40 kW fornecido por M/s Ion Arc Machines (India) Pvt. Ltd. na Laser and Plasma Tech. Division, Bhabha Atomic Research Center, Mumbai. A pulverização foi efectuada com diferentes níveis de potência de entrada na tocha de plasma dc, entre 11 kW e 21 kW. A caraterização dos revestimentos foi efectuada em relação à sua qualidade e desempenho tribológico. Os resultados de vários ensaios são apresentados e discutidos neste capítulo.

4.2 ANÁLISE GRANULOMÉTRICA

As dimensões das partículas do pó de alumina-titânia (após a mistura no moinho de bolas) são caracterizadas utilizando o analisador de dimensões de partículas a laser da Malvern Instruments. A Figura 4.1 mostra a distribuição do tamanho das partículas da mistura de pó de alumina-titânia antes da pulverização por plasma. Pode ver-se que a maioria das partículas se situa na gama de 40 a 100 microns. O diâmetro médio das partículas é de 35,44 mícrones. As partículas máximas situam-se na gama dos 50 mícrones.

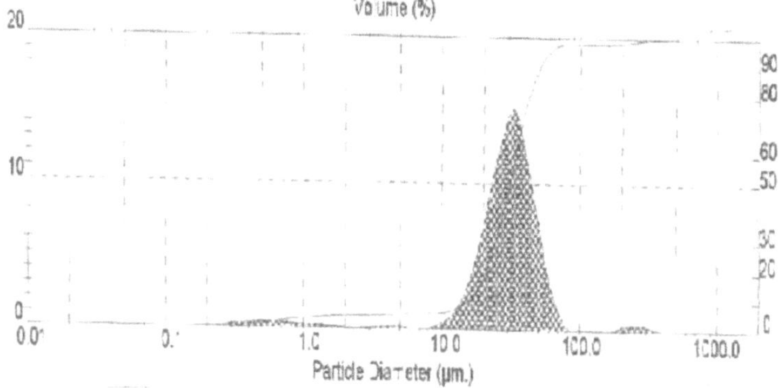

Fig. 4.1 Distribuição do tamanho das partículas do material de alimentação Al2O3-13%TiO2.

4.3 MEDIÇÃO DA ESPESSURA DO REVESTIMENTO

Para garantir a capacidade de revestimento da alumina-titânia em diferentes substratos, a espessura do revestimento foi medida nas secções transversais polidas das amostras, utilizando um microscópio ótico. Os valores de espessura obtidos para revestimentos depositados em diferentes níveis de potência para substratos de cobre e aço macio são apresentados na tabela 4.1. Cada ponto de dados nas curvas é a média de pelo menos cinco leituras/medições.

Sl. No.	Specimen	Substrate	Power level (kW)	Coating Thickness(~Micron)
1	Al$_2$O$_3$-TiO$_2$ Coating	Mild steel	11	120
2	do	Mild steel	15	150

3	do	Mild steel	18	190
4	do	Mild steel	21	180
5	do	Copper	11	125
6	do	Copper	15	160
7	do	Copper	18	200
8	do	Copper	21	190

Tabela 4.1 Valores de espessura dos revestimentos de alumina-titânia efectuados a diferentes níveis de potência para substratos de cobre e aço macio.

A variação dos valores da espessura do revestimento de alumina-titânia com a potência de entrada da tocha para substratos de cobre e aço macio é apresentada na Fig.4.2. Obtém-se uma espessura máxima de revestimento de ~ 200 mícrones em cobre e ~ 190 mícrones em substratos de aço macio depositados a níveis de potência de 18 kW. A partir da figura, é evidente que há um aumento da espessura do revestimento com o aumento da potência de entrada na tocha de plasma; até cerca de 18 kW e, depois, para potências de entrada mais elevadas, não se regista qualquer melhoria na espessura do revestimento. A figura mostra também que existe uma diferença na espessura obtida para diferentes substratos. A espessura do revestimento é mais elevada no caso do cobre do que no caso do substrato de aço macio, em todos os níveis de potência.

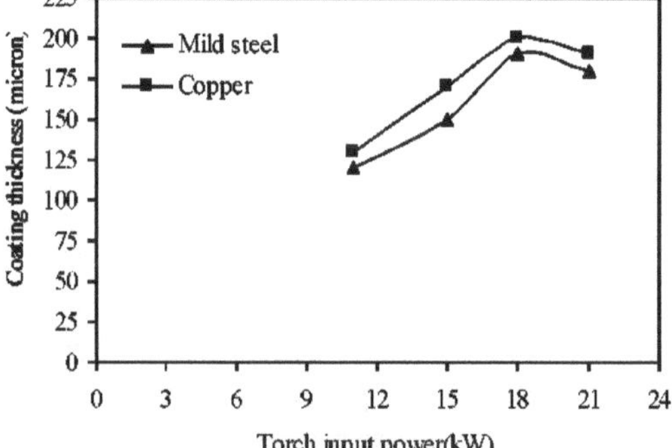

Fig. 4.2 variação dos valores da espessura do revestimento de alumina-titânia com a potência de entrada da tocha para substratos de cobre e aço macio

Esta diferença pode ser atribuída à condutividade térmica do material do substrato, ou seja, para materiais com maior condutividade (por exemplo, cobre), a transferência de calor das partículas pulverizadas (que atingem o substrato) ocorre a uma taxa mais rápida do que no caso de materiais com condutividade relativamente mais baixa (por exemplo, aço macio). Este facto pode aumentar a taxa de deposição e, consequentemente, a espessura do revestimento.

4.4 EFICIÊNCIA DE DEPOSIÇÃO DO REVESTIMENTO

A eficiência da deposição é um fator importante que determina a tecno-economia do processo. É avaliada a eficiência da deposição de todos os revestimentos efectuados no âmbito do presente inquérito. A eficiência da deposição do revestimento é definida como o rácio entre o peso do revestimento depositado no substrato e o peso da matéria-prima gasta. O método de pesagem é amplamente aceite para medir esta relação. Pode ser descrito pela equação [108]

$$\eta = (G_c/G_p) \text{ X } 100 \ \%$$

Em que η é a eficiência de deposição

Gc é o peso do revestimento depositado no substrato e

Gp é o peso da matéria-prima gasta

A eficiência da deposição depende de muitos factores que incluem a potência de entrada da tocha de plasma, as propriedades do material, tais como o ponto de fusão, a dimensão do grão e a capacidade térmica do pó a pulverizar, a distância de afastamento (distância entre a tocha e a base), etc. Para uma dada distância de afastamento e um dado material com uma granulometria específica, a potência da tocha parece ser um fator importante para a eficiência da deposição.

A eficiência da deposição é uma medida da fração do pó que se fundiu, mas que não se vaporizou ou decompôs em produtos gasosos. Os valores da eficiência de deposição do revestimento de alumina-titânia efectuados a diferentes níveis de potência de funcionamento em diferentes substratos são apresentados na tabela 4.2.

Por exemplo, a eficiência de deposição dos revestimentos de alumina-titânia varia entre 21,6% e 41,73% no caso do substrato de aço macio e entre 25,2% e 43,34% no caso do substrato de cobre. É interessante notar que a eficiência da deposição, em todos os casos, aumentou de forma gradual com o aumento da potência de entrada da tocha.

Sl. No.	Specimen	Substrate	Power level (kW)	Deposition efficiency (%
1	Al_2O_3-TiO_2 Coating	Mild steel	11	21.6
2	do	Mild steel	15	26.95
3	do	Mild steel	18	36.52
4	do	Mild steel	21	41.73
5	do	Copper	11	25.2
6	do	Copper	15	31.95
7	do	Copper	18	39.13
8	do	Copper	21	43.34

Tabela 4.2 Valores de eficiência de deposição do revestimento de alumina-titânia efectuados a diferentes níveis de potência de funcionamento em diferentes substratos.

A Fig. 4.3 mostra a variação da eficiência de deposição do revestimento de alumina-titânia com o nível de potência de funcionamento em diferentes substratos. É interessante notar que a eficiência de deposição, em todos os casos, aumenta de forma sigmoidal com a potência de entrada da tocha. Isto revela que a eficiência da deposição do revestimento é significativamente influenciada pela potência de entrada da tocha. A tendência de variação é semelhante para todos os substratos para o mesmo material de revestimento considerado neste trabalho.

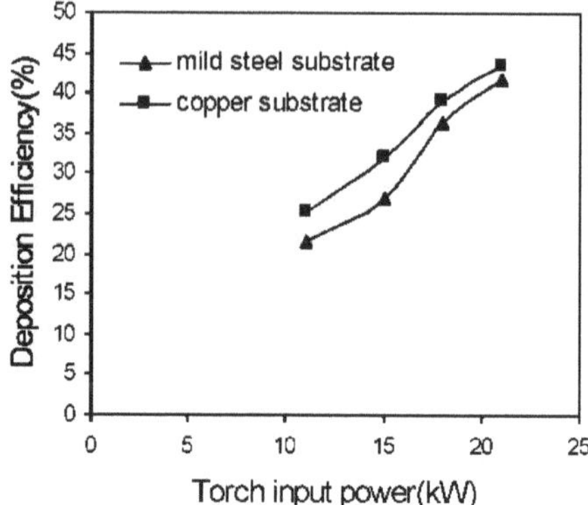

Fig. 4.3 Eficiência de deposição de revestimentos de alumina-titânia efectuados a diferentes níveis de potência em diferentes substratos.

A eficiência da deposição por pulverização de plasma de um determinado material depende do seu ponto de fusão, da capacidade térmica e da dimensão das partículas do pó. Com uma potência de entrada mais baixa na tocha de plasma, a temperatura do jato de plasma não é suficientemente elevada para fundir a totalidade das partículas de pó que entram no jato de plasma.

À medida que a potência é aumentada, a temperatura média do plasma aumenta, fundindo uma maior fração do pó. A eficiência da pulverização aumenta, portanto, com a potência do plasma. No entanto, para além de um determinado nível de potência do plasma, a temperatura do gás de plasma é muito elevada, levando à vaporização/dissociação das partículas de pó. Este facto faz com que a eficiência da deposição diminua a níveis de potência mais elevados e, consequentemente, a espessura do revestimento. Esta tendência é geralmente observada nos revestimentos por pulverização de plasma. No entanto, a potência de funcionamento do plasma a partir da qual a eficiência diminui depende da natureza química do material de alimentação, ou seja, do pó e do seu tamanho de partícula.

4.5 RESISTÊNCIA DE ADERÊNCIA DO REVESTIMENTO

Do ponto de vista microscópico, a adesão é devida a forças de superfície físico-químicas (paredes de Vander, covalentes, iónicas...), que podem ser estabelecidas na interface revestimento-substrato [114] e correspondem ao trabalho de adesão.

Do ponto de vista mecânico, a adesão pode ser estimada pela força correspondente à fratura interfacial e é de natureza macroscópica. Muitos investigadores efectuaram testes de aderência de revestimentos com vários revestimentos. Foi afirmado que o modo de fratura é adesivo se ocorrer na interface revestimento-substrato e que o valor de adesão medido é o valor da adesão prática, que mais tarde é estritamente uma propriedade de interface, dependendo exclusivamente das características da superfície da fase aderente e do estado da superfície do substrato. [115,116].

Neste trabalho, a avaliação da resistência da ligação da interface do revestimento é efectuada utilizando o método de arrancamento do revestimento, em conformidade com a norma ASTM C-633. Verificou-se que, em todas as amostras, a fratura ocorreu na interface revestimento-substrato. Os resultados obtidos para os revestimentos feitos com Alumina-Titânia em substratos de aço macio e cobre em diferentes níveis de potência estão tabelados na tabela 4.3. O baixo valor da força de adesão da alumina-titânia pode ser devido à diferença no coeficiente de expansão térmica do substrato e do revestimento e/ou à formação de poros, fissuras e vazios no revestimento e ao longo do revestimento-substrato.

Sl.No	Specimen	Power level (kW)	Substrate	Adhesion strength (MPa)
1	Al2O3-TiO2	11	Mild steel	4.2
2	do	15	Mild steel	4.89
3	do	18	Mild steel	5.1
4	do	21	Mild steel	4.35
5	do	11	Copper	2.58
6	do	15	Copper	2.93
7	do	18	Copper	3.5
8	do	21	Copper	2.98

Tabela 4.3 Valores de força de adesão do revestimento de alumina-titânia em substratos de aço macio e cobre em diferentes níveis de potência.

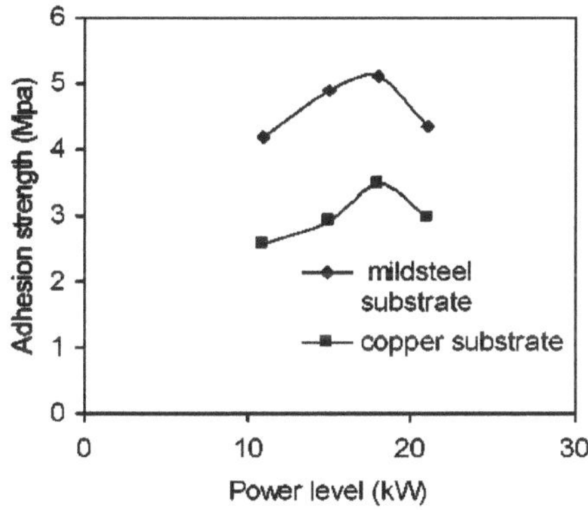

Fig. 4.4   Força de adesão de revestimentos de alumina-titânia feitos com diferentes níveis de potência em diferentes substratos.

A variação da força de adesão do revestimento de alumina-titânia ao aço macio e ao substrato de cobre em diferentes níveis de potência é mostrada na fig.4.4. A partir da figura, é evidente que a força de adesão varia com a potência de funcionamento da tocha de plasma. A força de adesão máxima de 5,1 MPa no substrato de aço macio e de 3,5 Mpa no substrato de cobre é registada a 18 kW. Pode ser visualizado que a força de ligação da interface aumenta com a potência de entrada da tocha até um determinado nível de potência e, em seguida, mostra uma tendência decrescente na adesão do revestimento, independentemente do material do substrato. Isto pode dever-se ao facto de que, quando o nível de potência de funcionamento é aumentado, uma maior fração de partículas atinge o estado fundido e a velocidade das partículas também aumenta. Por conseguinte, verifica-se uma melhor formação de salpicos e a interligação mecânica das partículas fundidas na superfície do substrato, o que conduz a um aumento da força de adesão [117]. Mas, a um nível de potência muito mais elevado, a quantidade de fragmentação e vaporização das partículas aumenta. Há também uma maior probabilidade de as partículas mais pequenas se desprenderem durante a travessia em voo durante a pulverização por plasma, o que resulta numa fraca força de adesão dos revestimentos. A força de adesão do revestimento é maior no caso do substrato de aço macio do que no caso do substrato de cobre, o que pode dever-se à dependência da condutividade térmica da partícula fundida, à dissipação de calor na interface metálica e também à incompatibilidade do coeficiente de expansão térmica na interface metal-cerâmica [**118**].

4.6 POROSIDADE DO REVESTIMENTO

A medição da porosidade é efectuada utilizando a técnica de análise de imagem. As interfaces polidas de vários revestimentos são estudadas num microscópio ótico (Neomate) equipado com uma câmara CCD (JVC, TK 870E). A partir da imagem digitalizada obtida por este sistema, a porosidade do revestimento é determinada utilizando o software de análise de imagem VOIS para diferentes níveis de potência. Os resultados são apresentados no quadro 4.4.

Sl.No	Specimen	Power level (kW)	Porosity (%)
1	Al2O3-TiO2	11	4.5
2	do	15	4.1
3	do	18	4
4	do	21	5.47

Tabela 4.4 Porosidade do revestimento para diferentes níveis de potência.

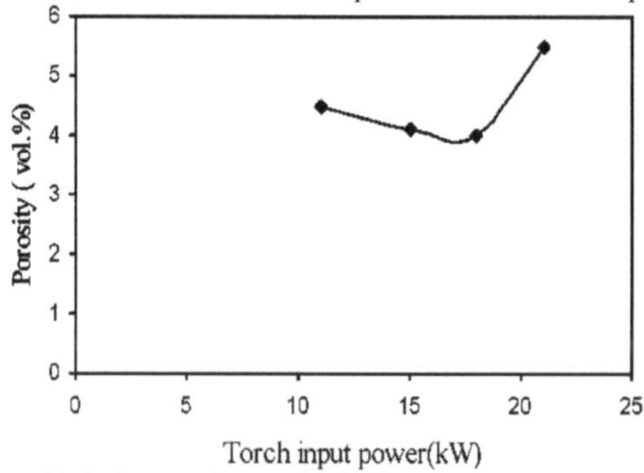

Fig. 4.5 Variação da porosidade do revestimento de alumina-titânia com a potência de entrada da tocha.

A variação da porosidade do revestimento de alumina-titânia com a potência de entrada da tocha é mostrada na fig. 4.5. Observa-se que a fração volumétrica de porosidade destes revestimentos se situa no intervalo de ~ 4 a ~ 6 %. A quantidade de porosidade é maior no caso dos revestimentos efectuados a níveis de potência inferiores (11 kW) e superiores (21 kW). No entanto, a porosidade é mínima a 18 kW de potência para os revestimentos efectuados no âmbito deste estudo. Pode ser mencionado que, nos revestimentos cerâmicos convencionais pulverizados por plasma, é geralmente observada uma porosidade de cerca de 3 - 10 % [**119**]. Assim, os valores obtidos nos revestimentos objeto deste estudo estão bem dentro do intervalo aceitável para um revestimento de boa qualidade. O aumento do valor da porosidade pode ser a razão da baixa força de adesão dos revestimentos depositados a um nível de potência elevado, isto é, a 21 kW.

4.7 DUREZA DO REVESTIMENTO

A observação microscópica da secção transversal polida dos revestimentos foi estudada ao microscópio ótico. São visíveis três regiões/fases nitidamente diferentes, nomeadamente cinzenta, escura e manchada/misturada. A medição da microdureza é efectuada nestas fases opticamente distinguíveis com o Leitz Micro-Hardness Tester utilizando uma carga de 25Pa (0,245N). Os resultados estão resumidos nas tabelas 4.5 a 4.8.

Sl.No	Coating	Power level (kW)	Phase	Micro Hardness (HV)
1	Al2O3-TiO2	11	Mixed	81.4
2	do	11	Mixed	173.49
3	do	11	Dark	143.88
4	do	11	Dark	160.27
5	do	11	Grey	120.37
6	do	11	Grey	126.50

Tabela 4.5 Dureza na secção transversal do revestimento para o revestimento depositado a 11 kW.

Sl.No	Coating	Power level (kW)	Phase	Micro Hardness (HV)
1	Al2O3 TiO2	15	Mixed	142.29
2	do	15	Mixed	154.88
3	do	15	Dark	106.60
4	do	15	Dark	206.50
5	do	15	Grey	203.39
6	do	15	Grey	194.14

Tabela 4.6 Dureza na secção transversal do revestimento para o revestimento depositado a 15 kW.

Sl.No	Coating	Power level (kW)	Phase	Micro Hardness (HV)
1	Al2O3-TiO2	18	Mixed	362.93
2	do	18	Mixed	397.31
3	do	18	Dark	626.59
4	do	18	Dark	597.12
5	do	18	Grey	649.03
6	do	18	Grey	672.70

Tabela 4.7 Dureza na secção transversal do revestimento para o revestimento depositado a 18 kW.

Sl.No	Coating	Power level (kW)	Phase	Micro Hardness (HV)
1	Al2O3-TiO2	21	Mixed	287.77
2	do	21	Mixed	332.92
3	do	21	Dark	459.11
4	do	21	Dark	477.95
5	do	21	Grey	591.71
6	do	21	Grey	567.92

Tabela 4.8 Dureza na secção transversal do revestimento para o revestimento depositado a 21 kW.

Os resultados mostram que estas três fases estruturalmente diferentes apresentam três gamas diferentes de dureza que podem depender das diferentes fases presentes/formadas no revestimento, o que é evidente na análise de difração de raios X. Os valores de dureza elevados podem dever-se à presença de diferentes formas de fase (ou seja, transformações alotrópicas) da fase de alumina com um valor de dureza elevado. Os valores baixos de dureza podem dever-se às fases de titânia. Com o aumento do nível de potência, há um aumento nos valores de dureza de algumas fases, o que pode ser devido à formação de diferentes fases alotrópicas e às suas variações de composição durante a formação do spray.

4.8 ANÁLISE DA COMPOSIÇÃO DA FASE XRD

O ensaio de microdureza revela diferentes valores de dureza em diferentes regiões opticamente distintas das secções transversais do revestimento. Por conseguinte, para determinar as fases presentes e as mudanças/transformações de fase que ocorrem durante a pulverização por plasma, os difractogramas de raios X são obtidos na matéria-prima e em alguns revestimentos seleccionados utilizando um difratómetro de raios X Philips e com CuKa. Os resultados de XRD são apresentados nas figuras 4.6 a 4.10.

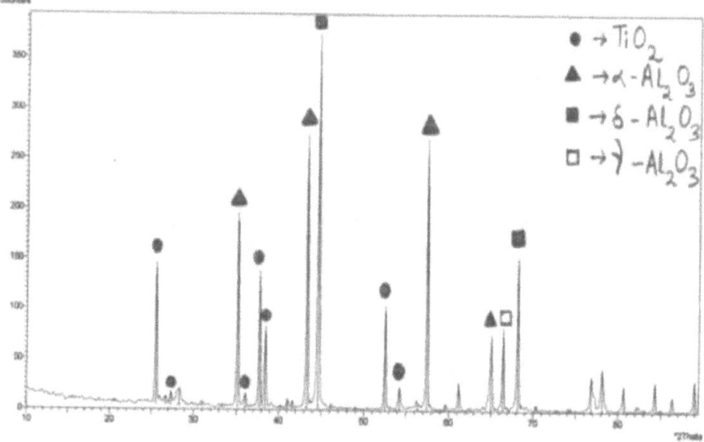

Fig.4.6 Difractograma de raios X do pó bruto de alumina-titânia.

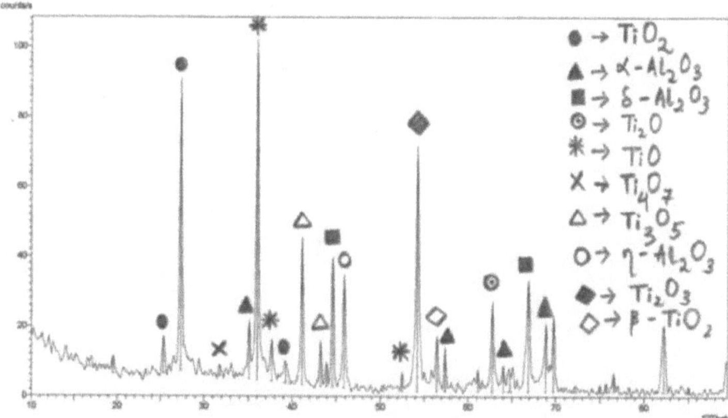

Fig.4.7 Difractograma de raios X do revestimento de alumina-titânia depositado a um nível de potência de 11kW.

42

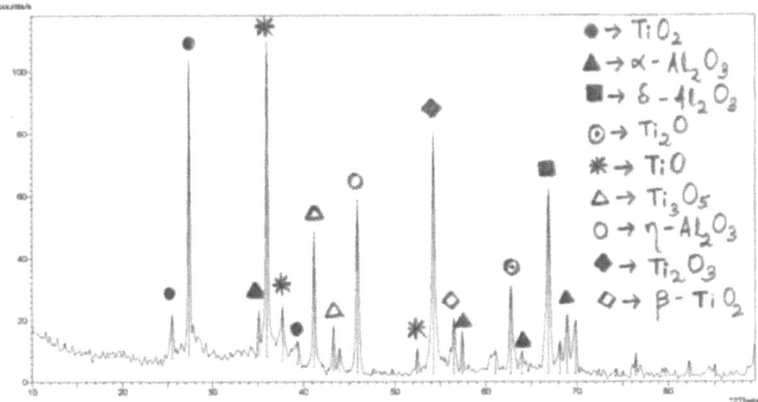

Fig.4.8 Difractograma de raios X do revestimento de alumina-titânia depositado a 15 kW de potência.

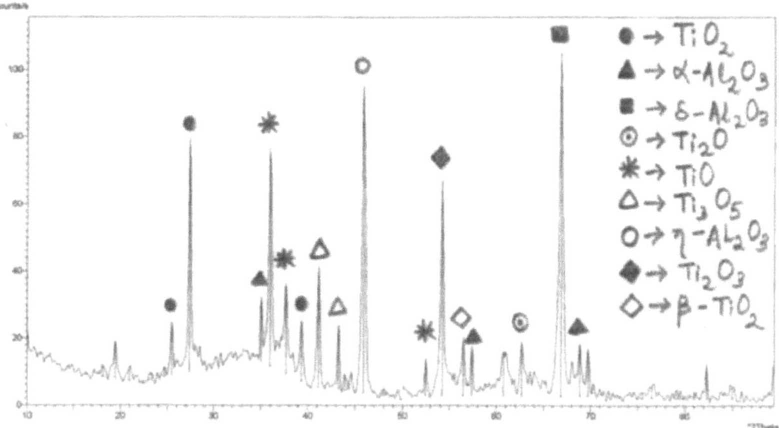

Fig.4.9 Difractograma de raios X do revestimento de alumina-titânia depositado a 18 kW de potência.

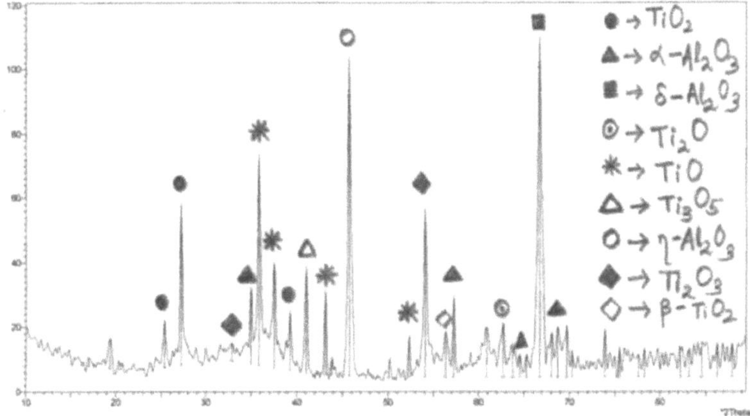

Fig.4.10 Difractograma de raios X do revestimento de alumina-titânia depositado a 21kW de potência.

O XRD do material de alimentação (fig. 4.6) mostra a presença das fases α-Al2O3, δ-Al2O3, TiO2 e alguns vestígios de γ-Al2O3. O revestimento feito a 11 kW de potência (fig. 4.7) contém as fases a- Al2O3,δ-Al2O3η - Al2O3 e TiO2, onde a transformação de a- Al2O3 tori - Al2O3 e 8- Al2O3 é maior. Para além disso, aparece também a fase β-TiO2. Geralmente, o Al2O3 transforma-se em diferentes formas de fase de alotropia, mas o TiO2 reduz-se a Ti3O5, Ti2O3, Ti2O, TiO, dependendo da entalpia/ambiente e das condições de transformação.

O revestimento feito a 15 kW de potência contém as fases a- Al2O3,δ- Al2O3η - Al2O3, TiO2, onde a transformação de α-Al2O3 em η-Al2O3 e δ-Al2O3 é maior, em comparação com 11 kW, além de que a fase β-TiO2 também está presente. A partir da Fig. 4.9, o revestimento feito a 18 kW de potência, a transformação de α-Al2O3 em η-Al2O3 e a percentagem de δ-Al2O3 continua a aumentar para os revestimentos depositados a níveis de potência mais elevados, mas a variação da percentagem de TiO2, Ti3O5, Ti2O3, Ti2O, TiO não mostra qualquer alteração significativa nos óxidos de titânia. Na Fig. 4.10, no revestimento efectuado a 21 kW de potência, a transformação de α- Al2O3 em η - Al$_2$ O3δ- Al$_2$ O3 é máxima.

Geralmente, α-Al$_2$ O3 transforma-se em diferentes fases η-Al2O3δ-Al2O3, mas TiO$_2$ é reduzido a Ti3O5, Ti2O3, Ti4O7, Ti2O, TiO [120]. A fase Ti4O7 está presente apenas no revestimento depositado a 11kW, o que pode ser justificado pelos gráficos de minimização da energia livre [121]. A fase Ti4O7 tem uma energia livre mais baixa a uma potência mais baixa, ao lado do TiO (l) tem uma energia livre mais baixa a uma potência mais baixa, pelo que pode ser solidificado em TiO (s), mas a um nível de potência elevado o TiO passa à fase gasosa, pelo que não pode ser condensado na fase sólida do TiO, que tem uma energia livre muito elevada. A redução de TiO2 a Ti3O5, Ti2O3 é também maior a um nível de potência mais baixo, com menor variação da energia livre.

4.9 EROSÃO POR PARTÍCULAS SÓLIDAS COMPORTAMENTO AO DESGASTE

A erosão por partículas sólidas é um processo de desgaste em que as partículas chocam contra uma superfície e promovem a perda de material. Durante o voo, uma partícula transporta momento e energia cinética, que podem ser dissipados durante o impacto devido à sua interação com uma superfície alvo. No caso dos revestimentos por pulverização de plasma que se deparam com estas situações, não foi desenvolvido nenhum modelo específico e, por conseguinte, o estudo do seu comportamento em termos de erosão tem sido maioritariamente baseado em dados experimentais [122].

A erosão é um processo não linear no que respeita às suas variáveis: materiais ou condições de funcionamento. Para obter o melhor resultado funcional, é necessário conhecer os revestimentos que apresentam propriedades seleccionadas em serviço e as combinações correctas de parâmetros de funcionamento.

Estas combinações diferem normalmente pela sua influência na taxa de desgaste por erosão ou na perda de massa do revestimento. Ainda não foram feitos muitos esforços para estudar o comportamento de desgaste por erosão de revestimentos de alumina-titânia por projeção de plasma. Neste caso, foram efectuados ensaios de desgaste por erosão nos revestimentos para garantir a sua aplicabilidade em diferentes condições de funcionamento. A resposta dos revestimentos ao impacto de partículas sólidas foi estudada.

A erosão foi sugerida como um método adequado para avaliar a coesão de revestimentos cerâmicos pulverizados [123]. Um resultado surpreendente neste trabalho é que, embora as taxas de desgaste tenham variado quatro ordens de grandeza entre as várias condições de erosão, a classificação dos revestimentos manteve-se essencialmente a mesma. Este facto sugere que o mecanismo de desgaste dominante, ou seja, os mecanismos básicos subjacentes à formação e remoção de fragmentos de desgaste, é semelhante para todos os revestimentos depositados a diferentes níveis de potência.

Neste trabalho, são efectuados ensaios de erosão por partículas sólidas à temperatura ambiente em alguns espécimes de revestimento seleccionados, utilizando um equipamento de jato de ar comprimido em diferentes condições de ensaio à temperatura ambiente. Para o revestimento que mostrou uma força de adesão máxima e mínima, é selecionado para estudo.

O revestimento feito a um nível de potência de 11kW, é erodido em diferentes ângulos de impacto 30° e 90°. O bocal (2,2 mm ID) é mantido a 100 mm, 125 mm, 150 mm, 175 mm e 200 mm de distância do alvo. As partículas secas de areia de sílica com um tamanho médio de 200,300 e 400^m a uma velocidade de alimentação de 50gm/min são utilizadas como erodente com uma velocidade média de 32m/s (medida pelo método do disco duplo [111]) e uma pressão de 4kgf/cm^2 . O revestimento depositado a um nível de potência de 18 kW é erodido num ângulo de 30°, 45° , 60° , 75° e 90° num SOD de 150mm. Neste caso, são utilizadas partículas de areia de sílica seca de 200 e 400gm como erodente com diferentes velocidades, ou seja, 32m/seg., 38m/seg., 45m/seg., 52m/seg. e 58m/seg. e a pressões de 4kgf/cm^2 , 4.7kgf/cm^2 , 5,5kgf/cm^2 , 6,1kgf/cm^2 , 6,5kgf/cm^2 com uma taxa de alimentação de 50gm/min, 54gm/min, 58gm/min, 60gm/min e 62 gm/min. A quantidade de desgaste é determinada com base na "perda de massa" [112,113]. Para o efeito, mede-se a variação de peso das amostras a intervalos regulares durante a duração do ensaio. Para a pesagem, é utilizada uma balança eletrónica de precisão com uma exatidão de + 0,01 mg. Calcula-se a taxa de erosão, definida como a perda de massa do revestimento por unidade de massa do erodente (gm/gm). As taxas de erosão são calculadas para diferentes tamanhos de erodente, diferentes velocidades de erodente, ângulos de impacto, dose de erodente e distâncias de afastamento.

As variações da perda de massa acumulada com o tempo, no caso do revestimento depositado a 18 kW, são ilustradas na fig.4.11. As partículas erodentes com tamanho de 400gm atingem as amostras revestidas num ângulo de 30^0 ,60^0 ,90^0 com uma distância de 150mm; a uma pressão de 6,5kgf/cm^2 . Verifica-se que a perda de massa cumulativa do revestimento aumenta com o aumento do tempo de ataque.

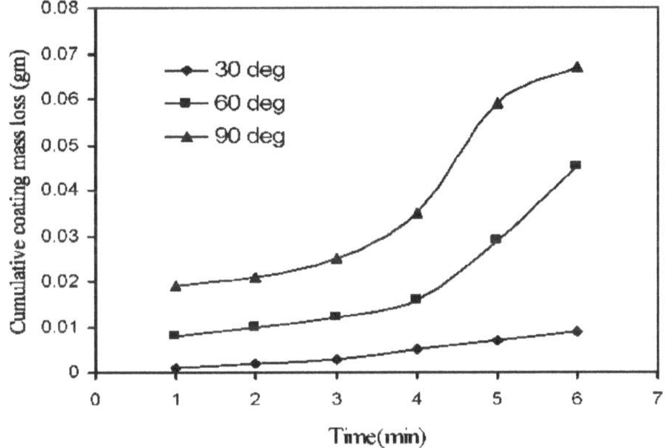

Fig.4.11 Variação da perda de massa do revestimento com o tempo para ângulos de impacto de 300, 600, 900 de 400gm de erodente com SOD de 150 mm, a uma pressão de 6,5 kgf/cm^2 para a amostra revestida a um nível de potência de 18 kW.

Levy [124] estudou o aumento cumulativo da perda de material devido ao desgaste por erosão de revestimentos pulverizados por plasma com o tempo de exposição (e a dose de erodente). No presente trabalho, esta tendência é encontrada no caso de todos os revestimentos sujeitos ao ensaio de erosão em todos os ângulos de impacto. Isto pode ser atribuído ao facto de as saliências finas na superfície superior do revestimento poderem estar relativamente soltas e serem removidas com menos energia do que a que seria necessária para remover uma porção/área semelhante do revestimento da maior parte do revestimento num momento posterior. Consequentemente, a taxa de desgaste inicial é elevada.

Com o aumento do tempo de exposição, a taxa de desgaste começa a diminuir e, no regime transitório, obtém-se um estado estacionário da taxa de desgaste. medida que a superfície do revestimento vai sendo gradualmente alisada, a taxa de erosão tende a atingir um estado estacionário, como mostra a fig.4.12, que contém a variação da taxa de erosão com a dose de erodente de 400^m em ângulos de impacto de 300, 600 e 900, com SOD de 150 mm e a uma pressão de 4 kgf/cm^2 para a amostra revestida a um nível de potência de

18 kW.

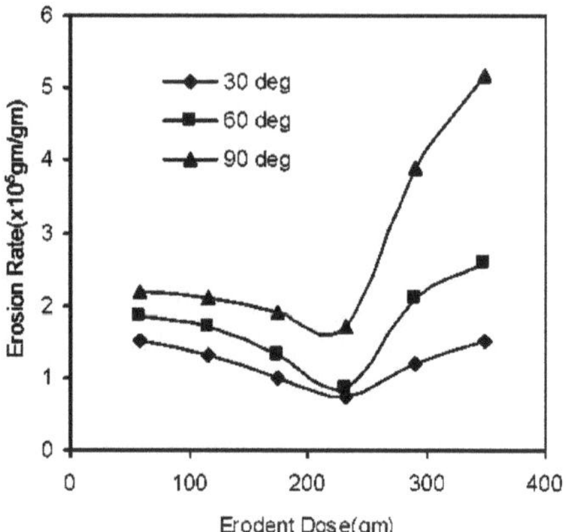

Fig. 4.12 Variação da taxa de erosão com a dose de erodente de 400^m de tamanho a SOD de 150 mm e a uma pressão de 4 kgf/cm² para a amostra revestida a um nível de potência de 18 kW.

Com o aumento da dose de erodente, a taxa de erosão é tremendamente afetada. Com uma dose mais elevada de erodente e com o aumento do ângulo de impacto de 30^0 para 90^0 , a taxa de erosão aumenta acentuadamente. O aumento da taxa de erosão com a dose de erodente pode dever-se às fissuras que se formam na amostra erodida e à maior quantidade de material de revestimento que sai como detritos. Assim, a taxa de erosão aumenta e é máxima para um ângulo de impacto de 90^0 . Esta tendência é geralmente observada para materiais frágeis.

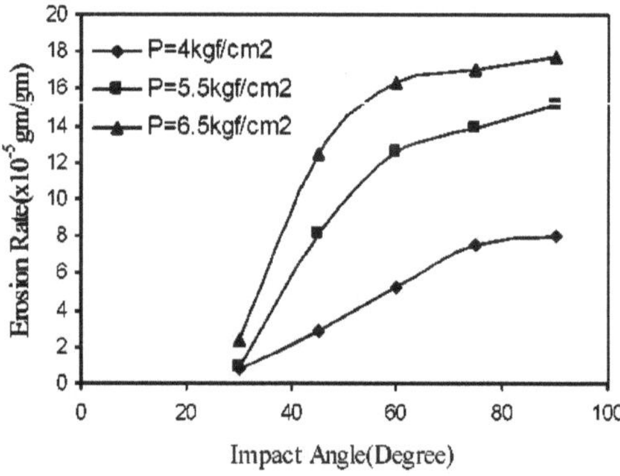

Fig. 4, 5,5, 6,5 kgf/cm" pressões e SOD de 150 mm após 6 minutos de impacto para a amostra revestida com nível de potência de 18 kW.

A Fig. 4.13 ilustra o efeito do ângulo de impacto (α) na taxa de erosão dos revestimentos sujeitos à erosão por partículas sólidas para o revestimento depositado a 18 kW. A taxa de erosão (perda de massa do revestimento por unidade de peso do erodente (gm/gm)) é medida depois de as amostras serem expostas ao fluxo de erodente durante um tempo fixo, ou seja, durante 6 minutos, com um SOD de 150 mm. A partir da figura, verifica-se que, independentemente da pressão de impacto do erodente (de tamanho 400 pm), a perda de massa por erosão aumenta com o aumento do ângulo de impacto e a erosão máxima ocorre a $\alpha = 90^0$. Alahelisten [125] estudou a taxa de desgaste por erosão para o revestimento de diamante e encontrou uma erosão máxima a 90^0 ângulo de impacto e também a taxa de erosão aumenta com o aumento da pressão do erodente. Isto é típico de todos os revestimentos frágeis. A relação entre a taxa de erosão E e **o ângulo de impacto (a) é sugerida por Bayer [126]** da seguinte forma

$$E = (K_d \, v^n \, Cos^n \, \alpha + K_b \, v^m \, Sin^m \, \alpha \,)M$$

Para uma determinada condição de ensaio, a velocidade de impacto v, a taxa de fornecimento de erodente M é constante. As constantes Kd, Kb m, n são determinadas através do ajustamento da equação aos dados experimentais. Para os materiais frágeis típicos, $Kd = 0$ e a taxa de erosão é máxima a 90^0 ângulo de impacto. Para um material dúctil típico, $K_b = 0$ e a taxa de erosão é máxima a 200 - 300 ângulos de impacto. Os resultados obtidos no presente trabalho mostram que, para um ângulo de impacto de 90^0 , o revestimento de alumina-13%titânia perde 67 mg em 6 minutos (a $6,5kgf/cm^2$ com SOD de 150 mm) para o revestimento de alumina-titânia depositado a 18kW de potência, **enquanto a perda de massa é de apenas 45 mg no caso de a = 600 e 9mg para a** =300. Esta variação da perda por desgaste por erosão confirma que o ângulo em que o fluxo de partículas sólidas colide com a superfície do revestimento influencia a taxa a que o material é removido. Sugere ainda que esta dependência é também influenciada pela natureza do material de revestimento. O ângulo de impacto determina a magnitude relativa das duas componentes da velocidade de impacto, nomeadamente, a componente normal à superfície e a componente paralela à superfície. A componente normal determina/é responsável pelo tempo de duração do impacto (ou seja, o tempo de contacto) e pela carga. O produto deste tempo de contacto e da componente tangencial (paralela) da velocidade determina a quantidade de deslizamento que ocorre. A componente de velocidade tangencial também fornece uma carga de cisalhamento à superfície, que é adicional à carga normal da componente de velocidade normal. Assim, à medida que este ângulo se altera, a quantidade de deslizamento que ocorre também se altera, tal como a natureza e a magnitude do sistema de tensões. Ambos os aspectos influenciam a forma como um revestimento se desgasta. Estas alterações implicam que diferentes tipos de materiais apresentem uma dependência angular diferente.

A fig. 4.14 mostra a variação da taxa de erosão com a velocidade de impacto do erodente de 400pm nos ângulos de impacto de 300, 600 e 900, com um SOD de 150 mm (após 6 minutos) para a amostra revestida com uma potência de 18 kW. Verifica-se que a taxa de erosão aumenta com o aumento da velocidade do erodente. É óbvio que, com o aumento da velocidade, as partículas terão uma energia cinética elevada, que será dissipada (e transformada) no impacto e, por conseguinte, removerá mais partículas da superfície impactada [112] e é máxima em ângulos de 90^0 . Estes resultados também foram registados por Lathabai et al. para diferentes revestimentos [127]. Shanov et.al. [128] também observaram que o revestimento de alumina-titânia tem melhores propriedades de resistência à erosão do que o revestimento feito apenas com alumina.

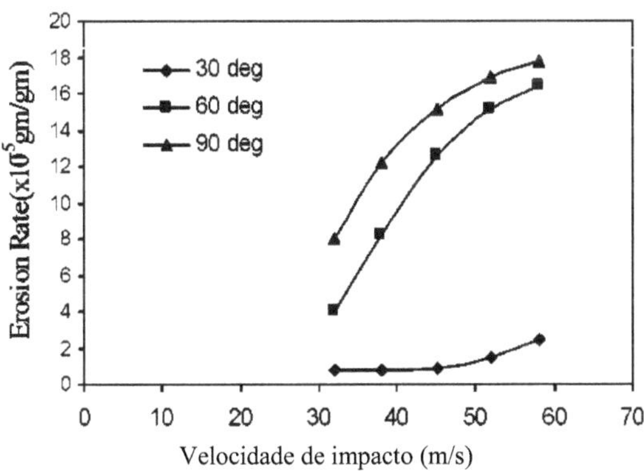

Fig. 4.14 Variação da taxa de erosão com a velocidade de impacto do erodente de tamanho 400pm no SOD de 150 mm após 6 minutos de impacto, para a amostra revestida a um nível de potência de 18kW.

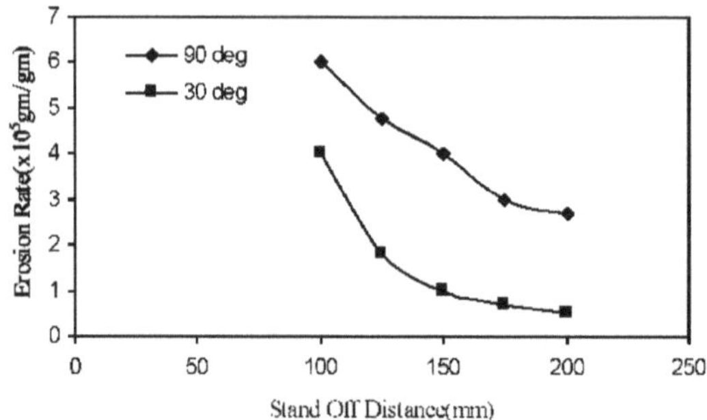

Fig. 4.15 Variação da taxa de erosão com a distância de afastamento do erodente de tamanho 400^m a uma pressão de 4kgf/cm² após 6 minutos de impacto, para a amostra revestida a um nível de potência de 11kw.

A variação da taxa de erosão com a distância de afastamento a 30^0 , 90^0 ângulo de impacto (após 6 minutos) a uma pressão de 4kgf/cm² para a amostra revestida a um nível de potência de 11kW é mostrada na fig. 4.15. Verifica-se que a taxa de erosão diminui com o aumento da distância de afastamento. É óbvio que a força de impacto será menor com o aumento da distância de afastamento, reduzindo assim a taxa de erosão. Observações semelhantes são também registadas por **Chang-Jiu Li et.al. [129]**. A taxa de diminuição da taxa de erosão com o aumento da distância de afastamento é mais rápida até uma determinada distância de afastamento, ou seja, 150 mm, e depois assume uma tendência de diminuição lenta.

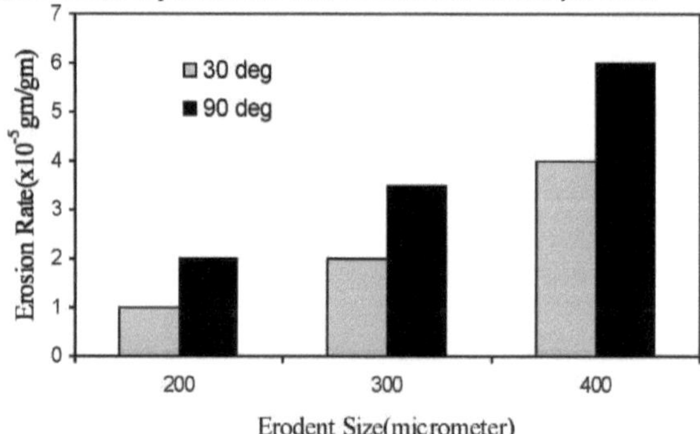

Fig. 4.16 Variação da taxa de erosão com o tamanho do erodente a uma pressão de 4kgf/cm² e 100 mm SOD para a amostra revestida a um nível de potência de 11kw.

A variação da taxa de erosão com o tamanho do erodente a 30^0 , 90^0 ângulo de impacto a uma pressão de 4kgf/cm² a SOD de 100 mm após 6 minutos para a amostra revestida a um nível de potência de 11kw é mostrada na fig. 4.16. Com o aumento do tamanho das partículas do erodente, a taxa de erosão aumenta e é máxima para 90^0 . Westergard et al **[130]** relataram que as taxas de erosão aumentaram em três ordens de grandeza com o aumento do tamanho do erodente de 75 para 600 mm. A classificação relativa dos materiais, no entanto, permaneceu surpreendentemente semelhante para todas as condições de erosão. A adição de 13% de titânio melhorou a resistência à erosão em comparação com a alumina apenas, o que também foi indicado noutro local **[130]**.

4.10 INVESTIGAÇÃO MICROESTRUTURAL

4.10.1 Morfologia do pó

A micrografia SEM dos pós de alumina com 13 wt% de titânia antes do revestimento é mostrada na fig.4.17. A partir da figura, verifica-se que as partículas são de tamanhos variados e de forma irregular. Algumas partículas são do tipo alongado e outras são multifacetadas.

(a)   (b)

Fig. 4.17 Micrografia SEM de pós brutos de alumina com 13 wt% de titânia (ou seja, matéria-prima).

4.10.2 Estrutura da superfície de revestimento

A adesão da interface dos revestimentos depende da morfologia do revestimento e da ligação interpartículas dos pós pulverizados. A micrografia SEM da superfície do revestimento de alumina-titânia depositado a 11kW, 15kW, 18kW e 21kW é mostrada na fig.4.18. O revestimento depositado a um nível de potência de 11 kW (fig. 4.18 a) mostra uma distribuição uniforme de partículas fundidas/semi-fundidas. Observa-se uma maior quantidade de cavitações, para além de alguns poros grandes encontrados na zona inter limites das partículas e junções triplas partícula/grão, que podem ter tido origem durante a solidificação das partículas a partir do estado fundido/semi-fundido. O revestimento efectuado a 15 kW (fig.4.18 b) apresenta uma morfologia diferente. Um grande número de partículas globulares e algumas regiões achatadas, indicativas da fusão de partículas durante a deposição por pulverização. Os grãos/partículas são maioritariamente de tipo equi-axial, com pouca discrepância de limites entre eles. A quantidade de cavitações é menor do que no caso anterior. No entanto, são observadas algumas regiões de cavitação ao longo das fronteiras inter-partículas/inter-grãos. O revestimento depositado a um nível de potência ainda mais elevado, isto é, a 18 kW (fig.4.18c), apresenta uma morfologia diferente. Partes maiores dos revestimentos apresentam regiões achatadas, que podem ter sido formadas durante a solidificação de partículas fundidas que se fundiram em grumos. Observam-se menos cavitações nos limites entre os grãos.

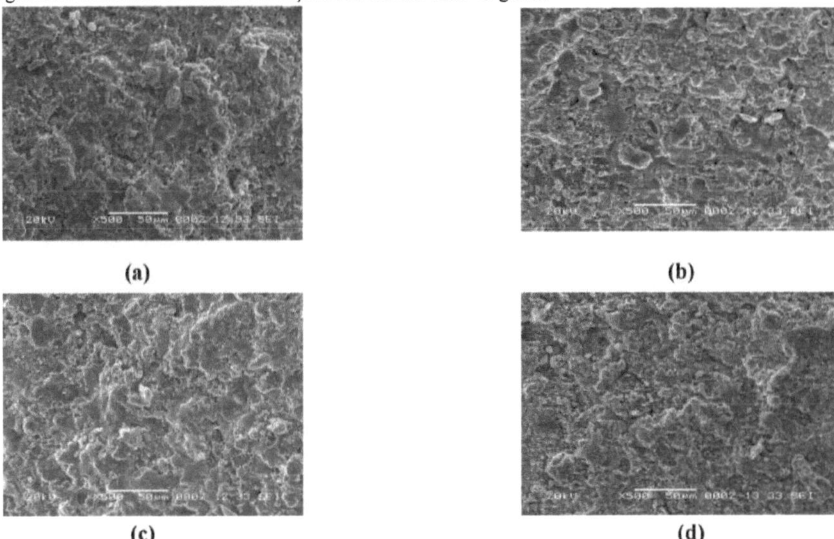

(a)   (b)

(c)   (d)

Fig.4.18 Morfologia da superfície dos revestimentos de alumina-titânia depositados a diferentes níveis de

49

potência, ou seja, (a) 11kW, (b) 15kW, (c) 18kW, (d) 21kW.

Esta pode ser a razão para o aumento da força de adesão e, por conseguinte, é máxima para o revestimento depositado a um nível de potência de 18 kW. Para os revestimentos depositados a um nível de potência ainda mais elevado, ou seja, a 21 kW (fig.4.18 d), a morfologia da superfície é completamente diferente. Observa-se um grande número de partículas esferoidais de diâmetros variados, que podem ter sido formadas devido à quebra/fragmentação de partículas maiores que derreteram durante a travessia em voo através do jato de plasma e depois solidificaram sob a forma de esferas. A quantidade de porosidade parece ter aumentado novamente. A quantidade de cavitações é maior do que a observada em casos anteriores. Isto pode ser a causa da ligação incorrecta entre as partículas e do empilhamento deficiente no substrato, o que resultou numa baixa resistência da ligação de interface. Verifica-se uma redução drástica das cavitações, o que pode dever-se à solidificação das partículas fundidas/semi-fundidas, formando regiões achatadas e reduzindo o desfasamento inter-partículas e, em seguida, à porosidade. A formação de salpicos devido a uma taxa de arrefecimento mais elevada conduz a uma força de adesão máxima para o revestimento efectuado a um nível de potência de 18 kW. Mas a superfície saliente do revestimento pode ser a causa do aumento da taxa de erosão. Por conseguinte, a erosão é menor para o revestimento depositado a um nível de potência inferior, ou seja, a uma potência de funcionamento de 11 kW.

4.10.3 Microestrutura da interface do revestimento

A interface entre o revestimento e o substrato desempenha o papel mais importante na adesão do revestimento. A morfologia da superfície do revestimento não pode prever as estruturas interiores (deposição de camadas). As secções transversais polidas das amostras são examinadas em MEV e uma típica (que mostrou uma força de adesão máxima) é mostrada na fig. 4.19. A partir da micrografia, observa-se uma boa correspondência entre as interfaces. A estrutura lamelar confirma a solidificação das partículas fundidas para formar salpicos durante a deposição do revestimento. O revestimento é homogéneo ao longo de todo o comprimento para o revestimento depositado a 18kW, pelo que apresentou uma maior força de adesão.

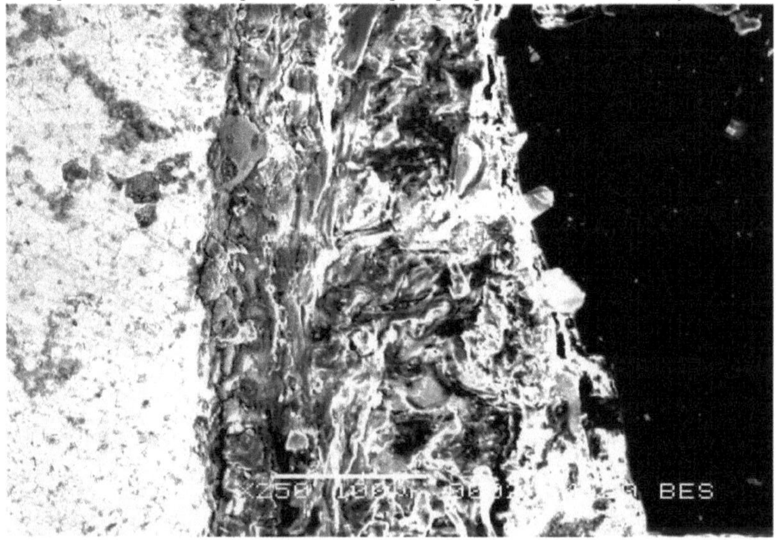

Fig. 4.19 Morfologia da interface de revestimentos de alumina-titânia depositados em substratos de aço macio a um nível de potência de 18 kW.

4.10.4 Superfícies desgastadas

A morfologia da superfície erodida (micrografias SEM) da superfície do revestimento de alumina-titânia depositado a diferentes níveis de potência é apresentada na fig. 4.20. A taxa de erosão é menor para o revestimento depositado ao nível de potência de 11 kW (fig. 4.20a) e maior no caso do revestimento depositado ao nível de potência de 18 kW (fig. 4.20b).

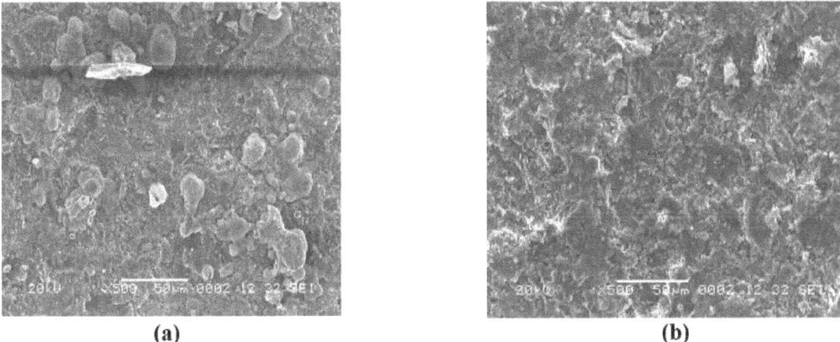

(a)   (b)

Fig.4.20 Superfície corroída de revestimentos depositados a (a) 11kW e (b) 18kW.

O SEM não revelou quaisquer grandes diferenças nas características topográficas entre as superfícies erodidas dos revestimentos. As partículas mais pequenas resultaram em superfícies mais deformadas plasticamente (Fig. 4.21a) e as partículas de erosão maiores produziram ranhuras facetadas e superfícies com maior quantidade de descolamento entre placas (Fig. 4.21b).

(a)   (b)

Fig.4.21 Micrografias de (a) erodido com partículas de 200^m e (b) erodido com partículas de 400^m ao impacto normal para o revestimento depositado a 18kW.

Todos os revestimentos mostraram que as fissuras induzidas termicamente se referiam a fissuras normais, no interior das lamelas. Para deformações baixas, presumivelmente originadas pelo relaxamento dos grãos tensos e das lamelas por iniciação e propagação de fissuras; ou pela propagação de fissuras pré-existentes no revestimento. Quando a viga revestida é sujeita a uma pressão/tempo mais elevados, as fissuras mais favoravelmente orientadas são activadas e começam a ligar-se a fissuras próximas. Este processo de ligação acelera-se muito rapidamente e as fissuras propagam-se através do revestimento. Quando a fenda atinge a interface revestimento/substrato, inicia-se uma delaminação extensiva do revestimento e as tensões causadas pela flexão são aliviadas. O aspeto das superfícies erodidas também indica que as fissuras tendem a seguir uma variedade de pontos fracos para produzir resíduos de desgaste. As fissuras térmicas normais à superfície, as interfaces entre as camadas adjacentes das lamelas e também os limites colunares dentro das lamelas individuais podem ser identificados como pontos fracos estruturais para todos os revestimentos, como foi descrito na literatura [131,132].

4.11 DISCUSSÃO

A projeção térmica é um processo de deposição altamente complexo, com um grande número de variáveis inter-relacionadas. Devido aos elevados gradientes de velocidade e temperatura na pluma de plasma, mesmo pequenas alterações nos parâmetros controláveis ou incontroláveis podem resultar em alterações significativas nas propriedades das partículas e, por conseguinte, na microestrutura dos revestimentos [133,134]. Na pulverização térmica de revestimentos de óxido desenvolvidos utilizando a técnica de pulverização por plasma atmosférico (APS), a deposição de partículas, ou seja, a espessura do revestimento, é influenciada principalmente pela potência de entrada na tocha de plasma. Com o aumento da potência, a densidade do plasma aumenta, conduzindo a um aumento da entalpia e, consequentemente, da temperatura das partículas. Assim, um maior número de partículas é fundido durante a travessia em voo através do jato de plasma. Quando estas espécies fundidas atingem o substrato, ficam achatadas e aderem à superfície. A deposição de camadas é favorecida pela disponibilidade de um maior número de partículas fundidas / semi-fundidas, o que é reforçado pelo aumento da potência de entrada da tocha. Isto aumenta a espessura do revestimento. Mas, para além de um certo limite do nível de potência de funcionamento, a fragmentação e a vaporização das partículas pulverizadas ocorrem simultaneamente e algumas partículas (em pó) voam durante a pulverização, restringindo o aumento da espessura do revestimento.

No presente estudo, os revestimentos são depositados em substratos metálicos com diferentes condutividades térmicas e coeficientes de expansão térmica. Observa-se que a espessura do revestimento varia consoante os diferentes materiais do substrato. Este facto pode dever-se principalmente à condutividade térmica do material do substrato. Quando as partículas pulverizadas incidem na superfície do substrato, ocorre a transferência e a dissipação de calor. As partículas dissipam o calor a um ritmo mais rápido através do substrato metálico. As partículas subsequentes acumuladas/depositadas no topo da primeira camada restringem a transferência de calor para o ambiente exterior do que através da superfície metálica. A dissipação de calor das partículas/camadas de revestimento é favorecida com o aumento da taxa de dissipação de calor através do substrato. Assim, para os metais com maior condutividade térmica, a deposição de camadas é mais rápida. Neste trabalho, a observação de uma maior espessura do revestimento e de uma maior taxa de deposição no substrato de cobre do que no substrato de aço macio pode ser atribuída a este efeito.

A partir do estudo da deposição do revestimento, verifica-se que a eficiência da deposição aumentou com o aumento da potência de entrada da tocha até um nível ótimo (cerca de 18 kW), para além do qual não se verificam alterações significativas. Esta é uma medida da quantidade de materiais depositados por unidade de área de superfície. Berger et al. [135] também relataram uma observação semelhante: a deposição de um revestimento de alta qualidade é favorecida numa gama de temperaturas moderadas.

A aderência do revestimento ao substrato é uma das principais preocupações. O mecanismo de ligação que actua entre o revestimento e o substrato pode ser classificado em três categorias: mecânico, físico e físico-químico. As partículas fundidas que atingem uma superfície rugosa, em conformidade com a topografia da superfície, podem aderir ao substrato. O encravamento mecânico entre o revestimento e as saliências da superfície do substrato é designado por aderência mecânica. A adesão do revestimento ao substrato pela força de Vander-walls é classificada como adesão física.

Na maioria das situações encontradas, a aderência é a ligação física do revestimento ao substrato. A formação de uma zona de interdifusão ou de um composto intermédio entre o revestimento e o substrato é geralmente designada por ligação química ou metalúrgica. O mecanismo específico que actua entre um revestimento e o substrato depende essencialmente dos materiais utilizados e do estado físico das partículas destes materiais aquando do impacto.

A análise da força de aderência revestimento-substrato de todos os materiais pulverizados em diferentes substratos, apresentada na tabela 4.3, prevê que: (i) há um aumento da força de aderência com o aumento da potência de funcionamento da tocha de plasma (até 18 kW) e, em seguida, com um aumento adicional da potência de entrada da tocha não melhora a força de aderência para quase todos os substratos e (ii) há uma variação na força de aderência para diferentes substratos.

A variação da força de adesão com a potência de entrada a um TBD constante pode ser explicada em termos do estado térmico das partículas que atingem a superfície do substrato. A um nível de potência mais baixo, a temperatura do gás de plasma não é suficientemente elevada para efetuar a fusão completa de todas as partículas que entram no jato de plasma. É também possível que as partículas não fundidas fiquem incorporadas nas partículas fundidas. Esta situação conduz naturalmente a uma fraca aderência do revestimento. Quando a potência de entrada na tocha de plasma é aumentada, a temperatura do jato de plasma e o coeficiente de transferência de calor do plasma aumentam, conduzindo à fusão completa de uma grande fração das partículas injectadas que, ao atingirem o substrato, se fundem e achatam a um ritmo relativamente mais rápido. Por conseguinte, verifica-se uma melhor formação de salpicos (das espécies fundidas) e um encravamento mecânico na superfície do substrato, o que conduz a um aumento da força de adesão. Thiyagarajan et al [136] calcularam a temperatura do plasma na saída do bocal para diferentes níveis de potência de entrada da tocha de plasma. Os resultados estão resumidos na Tabela 4.9. Pode ver-se que, à medida que a potência de entrada aumenta, a temperatura do plasma à saída do bocal, bem como a temperatura média da chama, aumentam, o que reforça as evidências do aumento da força de adesão. No entanto, a um nível de potência muito mais elevado, a quantidade de fragmentação e vaporização das partículas aumenta, o que leva a uma diminuição da eficiência da deposição e da adesão do revestimento.

Os vapores e as espécies gasosas dos produtos dissociados podem ficar presos no revestimento e afetar a porosidade dos revestimentos. Isto também pode levar a uma diminuição da força de adesão do revestimento feito a um nível de potência mais elevado.

Input power (kW)	Plasma Temp. (K) at nozzle exit
8	5939
10	6358
12	6678
16	9446

Tabela 4.9 Temperatura média do plasma de Ar-N2 à saída do bocal para diferentes potências de funcionamento [136].

Foi demonstrado em investigações anteriores [137] que, para um determinado material, as propriedades finais do revestimento dependem da velocidade, da temperatura e do tipo de partículas imediatamente antes do impacto no substrato (ou nas camadas de revestimento). A potência do plasma altera efetivamente o perfil da temperatura e da velocidade das partículas e, por conseguinte, afecta as propriedades do revestimento. A composição dos materiais de revestimento também afecta a força de adesão do revestimento devido à transformação/formação de fases e interóxidos que favorecem a ligação entre partículas e a adesão ao substrato. Nesta investigação, observa-se uma maior força de adesão em substratos de menor condutividade térmica (ou seja, em aço macio). Sabe-se que os óxidos aderem fracamente a um substrato de elevada condutividade térmica devido a uma baixa temperatura de contacto [138]. Assim, a força de adesão relativamente menor em substratos de cobre, em comparação com substratos de aço macio, pode dever-se a este efeito.

A partir dos estudos microscópicos, verifica-se que o tamanho das partículas e o seu aspeto mudaram com a alteração das condições de funcionamento da tocha de plasma. Também se observam microfissuras e cavidades/poros nas camadas depositadas. Isto reflecte o tipo de reacções (indicativas de que as partículas estão fundidas, semi-fundidas, não fundidas, fragmentadas e de possíveis mecanismos de transformação de fase) que podem ter ocorrido durante a passagem em voo dos pós através do plasma. As espécies fundidas ou semi-fundidas apresentam uma estrutura equi-axial. As partículas fragmentadas são completamente fundidas, apresentando uma forma esferoidal, e os pós parcialmente fundidos/não fundidos são empilhados nas camadas de revestimento durante a deposição. É possível a formação de microfissuras nos revestimentos próximos do substrato e os poros/fissuras abertos originam-se ao longo da direção do fluxo de calor, isto é, em direção ao substrato, devido à contração das partículas paralelas à superfície do substrato, como também se verificou anteriormente [139]. Por conseguinte, estas microestruturas afectam a homogeneidade do revestimento e a adesão ao substrato. Os valores medidos da porosidade do revestimento são apresentados na tabela 4.4. A porosidade máxima de cerca de 5,47 % é registada para o revestimento depositado a 21 kW e está muito dentro do limite observado com revestimentos cerâmicos pulverizados por plasma [119].

A medição da microdureza é efectuada em fases opticamente distinguíveis presentes nos revestimentos. A existência de pelo menos três fases diferentes (que são opticamente distinguíveis) pode ter sido formada durante a pulverização por plasma. Os valores de dureza são diferentes para as diferentes fases e parecem não depender muito do nível de potência de funcionamento da tocha. Ao consultar os difractogramas de raios X obtidos da matéria-prima e das amostras revestidas, torna-se evidente que, durante a deposição do revestimento, ocorreu a formação, a redução e a transformação de fases. Assim, durante a pulverização, a transformação de fases e/ou a formação de **interóxidos (transformação de** α-alumina em δ-alumina, η-alumina e redução da fase TiO_2 em fases Ti_3O_5, Ti_2O_3, Ti_2O, TiO) corroboram os diferentes valores de microdureza obtidos em várias fases dos revestimentos.

Para avaliar a adequação destes revestimentos a aplicações tribológicas, estuda-se o comportamento do desgaste por erosão de partículas sólidas. A partir dos resultados observados, pode dizer-se que a taxa de desgaste por erosão varia com (i) a dose de erodente, (ii) o ângulo de impacto das partículas sólidas na superfície do revestimento, (iii) a velocidade do erodente, (iv) a distância de afastamento, (v) o tamanho do erodente, (vi) a potência de entrada da tocha de plasma e também depende do tempo. Com o aumento do ângulo de impacto, o desgaste por erosão aumenta e é máximo a 90^0 de impacto. Este tipo de observação de elevada taxa de desgaste por erosão é habitual nos revestimentos cerâmicos pulverizados por plasma [140].

O desgaste por erosão dos diferentes revestimentos pode ser atribuído aos constituintes das fases dos revestimentos e ao tipo, volume e distribuição dos poros/cavidades/fendas salientes presentes nos revestimentos. O estudo XRD e os resultados de microdureza obtidos nesta investigação mostram que as diferentes composições de fase dos revestimentos apresentam durezas diferentes. Sabe-se que, com o aumento da dureza do material, a taxa de desgaste por erosão diminui [141]. Assim, as nossas conclusões sobre o comportamento ao desgaste de vários revestimentos estão em sintonia com as observações finais de investigações anteriores.

Branco et al. [142] referiram que a porosidade do revestimento influencia a erosão de três formas. Em primeiro lugar, reduz a resistência do material contra a deformação plástica ou lascamento, uma vez que o material na extremidade de um vazio carece de suporte mecânico. Em segundo lugar, a superfície côncava no interior de um vazio que não esteja sob a sombra de um bordo do vazio verá uma partícula a colidir com um ângulo superior ao ângulo médio da superfície alvo para o impacto (o que é prejudicial para materiais frágeis). E, finalmente, os poros podem prejudicar a resistência, actuando como concentradores de tensão e/ou diminuindo a superfície de suporte de carga. Embora os revestimentos objeto desta investigação sejam de natureza frágil, o efeito da fração volumétrica dos poros no desgaste por erosão necessita de uma investigação mais pormenorizada.

CAPÍTULO 5

ANÁLISE DOS RESULTADOS EXPERIMENTAIS COM RECURSO A TÉCNICAS ESTATÍSTICAS

5.1 INTRODUÇÃO

Durante a pulverização, vários parâmetros operacionais são determinados principalmente com base na experiência passada. Por conseguinte, não fornece o conjunto ideal de parâmetros para um determinado objetivo. Para obter o melhor resultado em relação a qualquer caraterística específica da qualidade do revestimento, é essencial uma identificação precisa dos parâmetros de controlo significativos. A erosão por partículas sólidas é considerada como um processo não linear no que respeita às suas variáveis: materiais ou condições de funcionamento.

Para obter o melhor resultado funcional, é necessário conhecer os revestimentos que exibem propriedades seleccionadas em serviço e as combinações correctas de parâmetros de funcionamento. Estas combinações diferem normalmente pela sua influência na taxa de desgaste por erosão ou na perda de massa do revestimento.

A fim de controlar a perda por desgaste num processo deste tipo, um dos desafios consiste em reconhecer as interdependências dos parâmetros, as correlações e os seus efeitos individuais no desgaste. Este capítulo é dedicado à análise dos resultados experimentais sobre o comportamento do desgaste por erosão de revestimentos de alumina-titânia efectuados em diferentes condições operacionais. Para o efeito, é utilizada a técnica estatística de Taguchi. Os factores são identificados de acordo com a sua influência na taxa de erosão do revestimento. O parâmetro mais significativo é encontrado. É apresentado um modelo de previsão utilizando redes neuronais artificiais (RNA) tendo em conta os factores significativos. Para além disso, esta análise é feita tendo em conta o procedimento de treino e teste para prever a dependência da força de adesão do revestimento em diferentes níveis de potência de funcionamento em diferentes substratos. .

5.2 PROJECTO EXPERIMENTAL DE TAGUCHI

O método Taguchi de conceção experimental é uma abordagem simples, eficiente e sistemática para otimizar a conceção em termos de desempenho e de custos [143]. No presente trabalho, este método é aplicado ao processo de pulverização por plasma para identificar as variáveis/interacções significativas do processo que influenciam a taxa de desgaste por erosão do revestimento. Os níveis destes factores são também determinados para que as variáveis do processo possam ser optimizadas dentro do intervalo de ensaio.

5.2.1 Conceção experimental

São realizadas experiências para investigar a influência dos quatro parâmetros de controlo seleccionados. O código e os níveis dos parâmetros de controlo são apresentados no quadro 5.1. Esta tabela mostra que o plano experimental tem dois níveis. É escolhido um plano experimental padrão de Taguchi com a notação **L16 (2^{15})**, conforme indicado na tabela 5.2. Neste método, os resultados experimentais são transformados numa relação sinal/ruído (S/N). Utiliza o rácio S/R como medida das características de qualidade que se desviam ou se aproximam dos valores desejados. Existem três categorias de características de qualidade na análise do rácio S/N, ou seja, o mais baixo-melhor, o mais alto-melhor e o nominal-melhor. Para obter parâmetros de pulverização óptimos, é utilizada a caraterística de qualidade inferior a melhor para a taxa de desgaste por erosão.

Parameter	Code	Level 1	Level 2
Impact Angle(Degree)	A	30	90
Impact Velocity(m/sec)	B	32	58

Stand Off Distance(mm)	C	100	150
Erodent Size(µm)	D	200	400

Quadro 5.1 Factores de controlo e níveis de ensaio seleccionados.

Exp. No.	A	B	C	D	Coating erosion wear rate	S/N Ratio
1	1	1	1	1	10.00	-20.0000
2	1	1	1	2	11.00	-20.8279
3	1	1	2	1	11.5	-21.2140
4	1	1	2	2	12.20	-21.7272
5	1	2	1	1	14.40	-23.1672
6	1	2	1	2	12.50	-21.9382
7	1	2	2	1	18.10	-25.1536
8	1	2	2	2	19.80	-25.9333
9	2	1	1	1	.6	4.4370
10	2	1	1	2	.8	1.9382
11	2	1	2	1	2.10	-6.4444
12	2	1	2	2	2.41	-7.6403
13	2	2	1	1	6.10	-15.7066
14	2	2	1	2	8.00	-18.0618
15	2	2	2	1	17.10	-24.6599
16	2	2	2	2	17.74	-24.9791

Table 5.2 Esquema experimental e resultados com rácios S/N calculados para a taxa de desgaste por erosão do revestimento.

Level	A	B	C	D
1	-11.39	-11.43	-14.17	-16.49
2	-22.50	-22.45	-19.72	-17.40
Diff.	11.11	11.02	5.5	0.91
Rank	1	2	3	4

Table 5.3 A tabela de resposta S/N para a taxa de desgaste por erosão do revestimento.

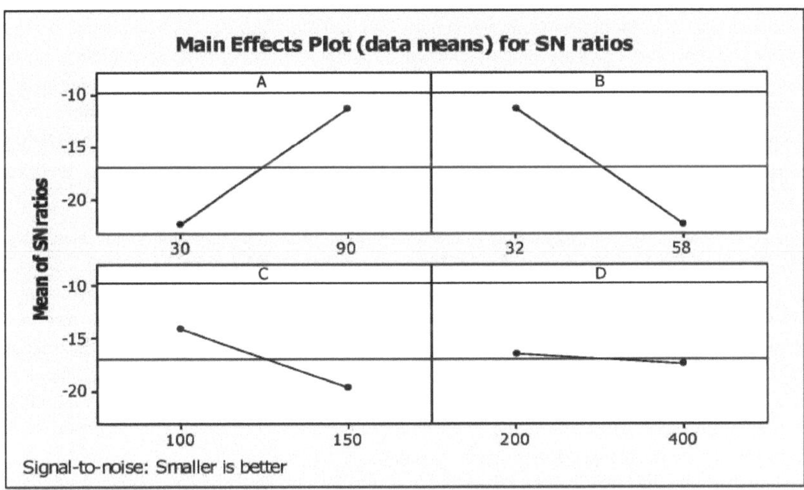

Fig.5.1 O gráfico de resposta S/N para a taxa de desgaste por erosão do revestimento.

5.2.2 Análise do fator de controlo

A Tabela 5.2 mostra a disposição experimental e os resultados com rácios S/N calculados para a taxa de desgaste por erosão dos revestimentos efectuados a um nível de potência de 18Kw. A análise da influência de cada fator de controlo na eficiência do revestimento é feita com uma tabela de resposta sinal-ruído (S/N), utilizando o pacote informático MINITAB. Os dados de resposta do processo de ensaio são apresentados na tabela 5.3. O gráfico de resposta S/N para a taxa de desgaste por erosão do revestimento é apresentado na fig.5.1. A influência das interacções entre os factores de controlo é também analisada na tabela de resposta. O fator de controlo com a influência mais forte é determinado pelos valores das diferenças. Quanto maior for a diferença, mais influente é o fator de controlo ou uma interação de dois controlos. Verifica-se que a maior influência na taxa de desgaste por erosão do revestimento é exercida pelo ângulo de impacto (A), seguido da velocidade de impacto (B), da distância de afastamento (C) e da dimensão do erodente (D), respetivamente.

É interessante notar que o método de conceção experimental de Taguchi identificou o ângulo de impacto e a velocidade de impacto como os factores mais poderosos que influenciam a taxa de desgaste por erosão dos revestimentos de alumina-titânia. A distância de afastamento e o tamanho do erodente surgem como os outros factores significativos que afectam a taxa de desgaste por erosão do revestimento. O ângulo de impacto é, portanto, uma variável de processo significativa e, neste trabalho, é corretamente tomado como base para estudar o seu efeito nas características de desgaste por erosão do revestimento.

5.3 ANÁLISE DE REDES NEURONAIS ARTIFICIAIS (ANN)

A pulverização por plasma é considerada como um problema não linear no que respeita às suas variáveis: materiais ou condições de funcionamento. Para obter revestimentos funcionais que exibam propriedades de serviço seleccionadas, têm de ser planeadas combinações de parâmetros de processamento. Estas combinações diferem pela sua influência nas propriedades e características do revestimento. A fim de controlar o processo de pulverização, um dos desafios actuais consiste em reconhecer as interdependências dos parâmetros, as correlações e os efeitos individuais nas características do revestimento. Por conseguinte, é necessária uma metodologia robusta para estudar estes efeitos inter-relacionados. Neste trabalho, é implementado um método estatístico, que responde aos constrangimentos anteriores, para correlacionar os parâmetros de processamento com as propriedades do revestimento. Esta metodologia baseia-se em redes neuronais artificiais (RNA), que é uma técnica que envolve o treino de bases de dados para prever a evolução de propriedades-parâmetros. Esta secção apresenta a construção da base de dados, o protocolo de implementação e um conjunto de resultados previstos relacionados com o desgaste por erosão do revestimento. As RNAs são excelentes ferramentas para processos complexos que têm muitas variáveis e interacções complexas. A análise é feita tendo em conta o procedimento de treino e teste para prever a dependência do comportamento do desgaste por erosão no ângulo de impacto e na velocidade do erodente e a dependência da força de adesão do revestimento em diferentes níveis de potência de funcionamento em diferentes substratos. Esta técnica ajuda a poupar tempo e recursos nos ensaios experimentais. Os pormenores desta metodologia são descritos por Rajasekaran e Pai [144].

5.3.1 Modelo de rede neural: Desenvolvimento e implementação (para a taxa de desgaste por erosão do revestimento)

Uma RNA é um sistema computacional que simula a microestrutura (neurónios) do sistema nervoso biológico. Os componentes mais básicos da RNA são modelados de acordo com a estrutura do cérebro. Inspirada nestes neurónios biológicos, a RNA é composta por elementos simples que funcionam em paralelo. É o agrupamento simples dos neurónios artificiais primitivos. Este agrupamento ocorre através da criação de camadas, que são depois ligadas umas às outras. A rede neural multicamada, que tem sido utilizada na maioria dos trabalhos de investigação no domínio da ciência dos materiais, foi analisada por Zhang e Friedrich [145]. Um pacote de software NEURALNET para computação neural desenvolvido por Rao e Rao [146] utilizando o algoritmo de retropropagação é utilizado como ferramenta de previsão da taxa de desgaste por erosão do revestimento em diferentes ângulos de impacto e velocidades de impacto.

A base de dados é construída tendo em conta as experiências efectuadas nas gamas limite de cada parâmetro. Os conjuntos de resultados experimentais são utilizados para treinar a RNA, a fim de compreender as correlações entre entradas e saídas. A base de dados é então dividida em três categorias, nomeadamente: uma categoria de validação, que é necessária para definir a arquitetura da RNA e ajustar o número de neurónios para cada camada. Uma categoria de treino, que é utilizada exclusivamente para ajustar os pesos da rede e uma categoria de teste, que corresponde ao conjunto que valida os resultados do protocolo de treino. As variáveis de entrada são normalizadas de modo a situarem-se no mesmo grupo de intervalos de 0-1. Para treinar a rede neural utilizada neste trabalho, são recolhidos cerca de 25 conjuntos de dados em diferentes ângulos e diferentes velocidades. Assegura-se que estes conjuntos de dados extensos representam todas as variações de entrada possíveis no domínio experimental. Assim, espera-se que uma rede treinada com estes dados seja capaz de simular o processo de projeção de plasma. São testadas diferentes estruturas de RNA (I-H-O) com um número variável de neurónios na camada oculta, com ciclos constantes, taxa de aprendizagem, tolerância ao erro, parâmetro de momento e fator de ruído e parâmetro de declive. Com base no critério do menor erro, é selecionada uma estrutura, apresentada no quadro 5.4, para a formação dos dados de entrada-saída. A taxa de aprendizagem varia entre 0,001 e 0,100 durante o treino dos dados de entrada-saída. O processo de otimização da rede (treino e teste) é realizado durante 1000.000 ciclos, para os quais se obtém a estabilização do erro. Aqui, o número da camada oculta é 1 e o número de neurónios na camada oculta varia e, na estrutura optimizada da rede, este número é 6. O número de ciclos selecionado durante o treino é suficientemente elevado para que os modelos de RNA possam ser treinados com rigor.

Input Parameters for Training	Values
Error tolerance	0.002
Learning parameter(ß)	0.001
Momentum parameter(α)	0.001
Noise factor (NF)	0.002
Maximum cycles for simulations	1000000
Slope parameter (£)	0.6
Number of hidden layer neuron	6
Number of input layer neuron (I)	2
Number of output layer neuron (O)	1

Tabela 5.4 Parâmetros de entrada seleccionados para a formação (desgaste por erosão do revestimento).

Os ângulos de impacto e a velocidade de impacto já foram identificados (a partir do resultado da análise de Taguchi) como os parâmetros que afectam significativamente a taxa de desgaste por erosão do revestimento. Cada um destes parâmetros é caracterizado por um neurónio e, consequentemente, a camada de entrada na estrutura da RNA tem dois neurónios e a camada de saída na estrutura da RNA tem um neurónio. A rede neural optimizada de três camadas, com uma camada de entrada (I) com dois nós de entrada, uma camada oculta (H) com seis neurónios e uma camada de saída (O) com um nó de saída, utilizada neste trabalho, é apresentada na fig. 5.2.

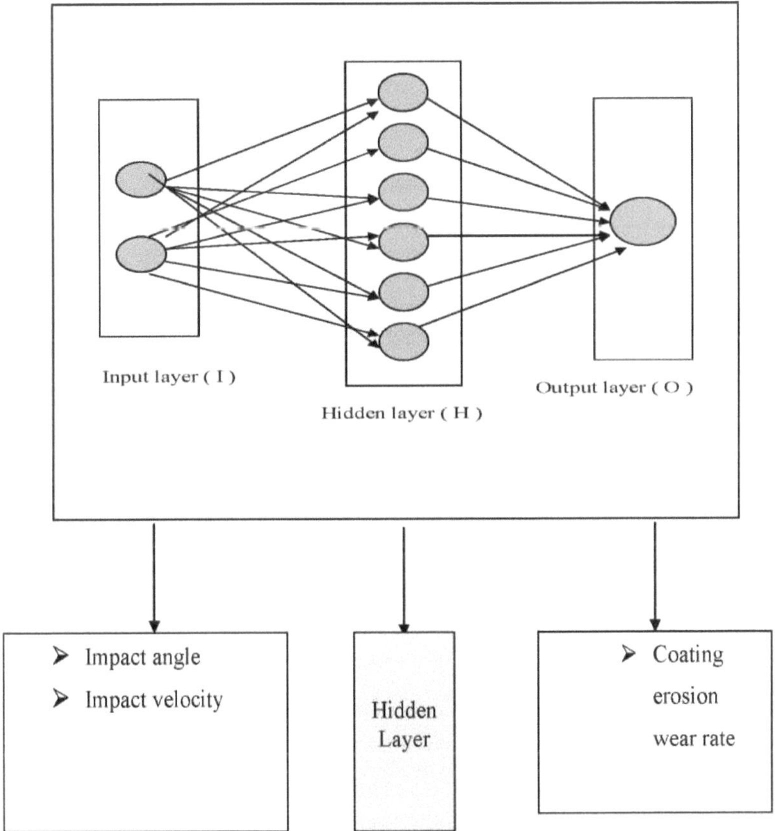

Fig.5.2 A rede neural de três camadas.

5.3.2 Previsão ANN da taxa de desgaste por erosão

A rede neural de previsão é testada com quatro conjuntos de dados provenientes dos dados originais do processo. Cada conjunto de dados continha dados de entrada, como o ângulo e a velocidade de impacto, e a rede devolveu um valor de saída, ou seja, a taxa de desgaste por erosão.

Como prova adicional da eficácia do modelo, é utilizado um conjunto arbitrário de entradas na rede de previsão.

Os resultados são comparados com conjuntos experimentais que podem ou não ser considerados nos procedimentos de treino ou de teste. A Fig.5.3 representa a comparação dos valores de saída previstos para a taxa de desgaste por erosão com os obtidos experimentalmente em diferentes ângulos de impacto do erodente a diferentes velocidades de impacto, ou seja, 32 m/s, 45 m/s e 58 m/s, respetivamente.

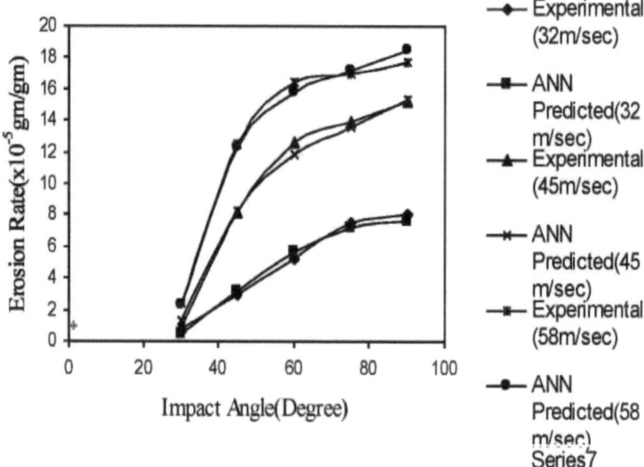

Fig.5.3 Gráfico de comparação dos valores previstos e experimentais da taxa de desgaste por erosão do revestimento em diferentes ângulos de impacto do erodente à velocidade de impacto de 32 m/s, 45 m/s e 58 m/s (tempo de exposição de 6 min, SOD 150 mm, tamanho do erodente 400 μm para a amostra revestida a um nível de potência de 18 kW).

Para além da comparação dos valores previstos e experimentais da taxa de desgaste por erosão, a Fig. 5.3 ilustra o efeito do ângulo de impacto (a) na taxa de erosão dos revestimentos sujeitos à erosão por partículas sólidas.

São apresentados os resultados da erosão para revestimentos de materiais depositados a 18 kW de potência de funcionamento da tocha de plasma com ângulos de impacto de 30^0 ,45^0 , 60^0 ,75^0 e 90^0 para 32m/seg, 45m/seg e 58m/seg, respetivamente, com SOD de 150mm para o tamanho do erodente 400pm. A perda de massa e a taxa de erosão (perda de massa do revestimento (gm) por unidade de peso do erodente (gm)) são medidas depois de as amostras serem expostas ao fluxo de erodente durante 6 minutos.

O gráfico mostra que, independentemente do material de alimentação, a perda de massa por erosão é maior com um ângulo de impacto maior e a erosão máxima ocorre a a = 900. Esta tendência é geralmente observada para materiais frágeis.

É interessante notar que os resultados preditivos mostram uma boa concordância com os conjuntos experimentais realizados após a generalização das estruturas da RNA.

A estrutura optimizada da RNA permite ainda estudar quantitativamente o efeito do ângulo de impacto considerado. A gama do parâmetro escolhido pode ser maior do que os limites experimentais actuais, oferecendo assim a possibilidade de utilizar a propriedade de generalização da RNA num grande espaço de parâmetros.

Na presente investigação, esta possibilidade foi explorada seleccionando o ângulo de impacto numa gama de 10^0 a 90^0 para velocidades de 32m/seg, 45m/seg, 58m/seg e foi desenvolvido um conjunto de previsões para a taxa de desgaste por erosão. A Fig. 5.4 ilustra a evolução prevista da taxa de desgaste por erosão de revestimentos de alumina-titânia em substratos de aço macio com o ângulo de impacto para velocidades de 32 m/s, 45 m/s e 58 m/s. A partir do gráfico previsto na fig.5.4, com o aumento do ângulo de impacto, a taxa de erosão aumenta para diferentes velocidades de impacto, sendo máxima a 58 m/s.

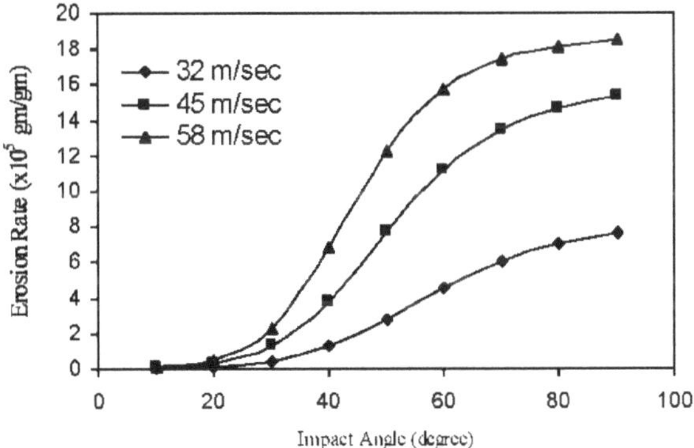

Fig.5.4 Taxa de desgaste por erosão prevista do revestimento em diferentes ângulos de impacto do erodente para diferentes velocidades de impacto (para um tempo de exposição de 6 minutos, SOD150mm, tamanho do erodente 400fim para a amostra revestida a um nível de potência de 18 kW).

Na presente investigação, ao selecionar a velocidade de impacto numa gama de 20 a 70 m/s nos ângulos de impacto 30^0 , 60^0 e 90^0 , é desenvolvido um conjunto de previsões para a taxa de desgaste por erosão. A Fig.5.5 ilustra a evolução prevista da taxa de desgaste por erosão dos revestimentos de alumina-titânia em substratos de aço macio com a velocidade de impacto nos ângulos de impacto 30^0 , 60^0 e 90^0 .

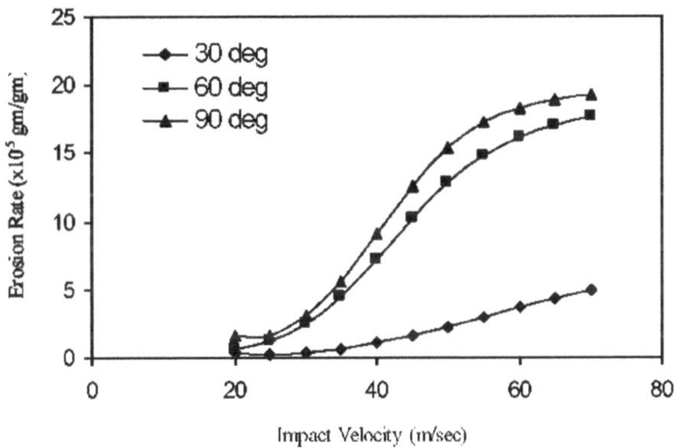

Fig.5.5 Taxa de desgaste por erosão prevista a diferentes velocidades de impacto e a diferentes ângulos (para tempo de exposição de 6 min, SOD150mm, tamanho do erodente 400µm, para a amostra revestida a um nível de potência de 18 kW).

A partir do gráfico previsto na fig.5.4, com o aumento da velocidade, a taxa de erosão aumenta para diferentes ângulos. É óbvio que, com o aumento da velocidade, as partículas terão uma energia cinética elevada, que se transforma no momento do impacto e, por conseguinte, remove mais partículas da superfície afetada, sendo máxima no ângulo de 90^0 . Para além disso, a baixa velocidade e a baixo ângulo pode haver um mecanismo, pelo que o declive não se altera muito, mas a alta velocidade e a alto ângulo pode haver dois mecanismos, o que pode ser a razão da grande alteração do declive.

5.3.3 Modelo de rede neural: Desenvolvimento e implementação (para resistência de aderência de revestimentos)

Um pacote de software NEURALNET para computação neural desenvolvido por Rao e Rao [**146**] utilizando o algoritmo de retropropagação é utilizado para a previsão da força de adesão do revestimento em diferentes níveis de potência de funcionamento para diferentes substratos. Para treinar a rede neural utilizada neste trabalho, são recolhidos cerca de 8 conjuntos de dados em diferentes níveis de potência de funcionamento para diferentes substratos. Com base no critério do menor erro, é selecionada uma estrutura, apresentada na tabela 5.5, para treinar os dados de entrada-saída.

Input Parameters for Training	Values
Error tolerance	0.001
Learning parameter(ß)	0.002
Momentum parameter(α)	0.002
Noise factor (NF)	0.001
Maximum cycles for simulations	1000,000
Slope parameter (£)	0.6
Number of hidden layer neuron	6
Number of input layer neuron (I)	2
Number of output layer neuron (O)	1

Tabela 5.5 Parâmetros de entrada seleccionados para a formação (Força de adesão do revestimento).

Os níveis de potência de funcionamento e os materiais do substrato são considerados como os parâmetros que afectam significativamente a força de adesão do revestimento. Cada um destes parâmetros é caracterizado por um neurónio e, consequentemente, a camada de entrada na estrutura da RNA tem dois neurónios e a camada de saída na estrutura da RNA tem um neurónio. A rede neural optimizada de três camadas, com uma camada de entrada (I) com dois nós de entrada, uma camada oculta (H) com seis neurónios e uma camada de saída (O) com um nó de saída, utilizada neste trabalho, é apresentada na fig. 5.2.

5.3.4 Previsão ANN da força de adesão do revestimento

A rede neural de previsão foi testada com três conjuntos de dados provenientes dos dados originais do processo. Cada conjunto de dados continha dados como a potência de entrada da tocha, o material do substrato e um valor de saída, ou seja, a força de adesão do revestimento, que foi devolvido pela rede. Como prova adicional da eficácia do modelo, é utilizado um conjunto arbitrário de dados na rede de previsão. Os resultados foram comparados com conjuntos experimentais que podem ou não ser considerados nos procedimentos de treino ou de teste. A Fig.5.6 apresenta a comparação dos valores de saída previstos para a força de adesão do revestimento com os obtidos experimentalmente com diferentes potências de entrada da tocha em diferentes substratos.

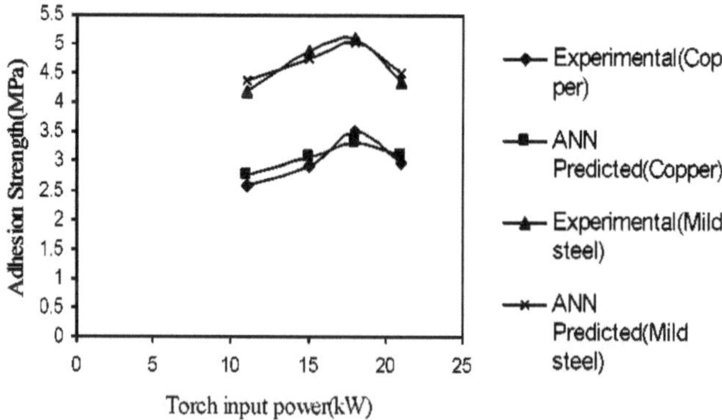

Fig.5.6 Gráfico de comparação dos valores previstos e experimentais da força de adesão do revestimento com diferentes potências de entrada da tocha em diferentes substratos.

É interessante notar que os resultados preditivos mostram uma boa concordância com os conjuntos experimentais realizados após a generalização das estruturas da RNA. A estrutura optimizada da RNA permite ainda estudar quantitativamente o efeito da potência de entrada considerada. O intervalo do parâmetro escolhido pode ser maior do que os limites experimentais actuais, oferecendo assim a possibilidade de utilizar a propriedade de generalização da RNA num grande espaço de parâmetros. Na presente investigação, esta possibilidade foi explorada seleccionando a potência de entrada da tocha numa gama de 7 kW a 25 kW, e foi desenvolvido um conjunto de previsões para a força de adesão do revestimento. A Fig. 5.7 ilustra a evolução prevista da força de adesão dos revestimentos de alumina-titânia em substratos de cobre e aço macio com a potência de entrada da tocha.

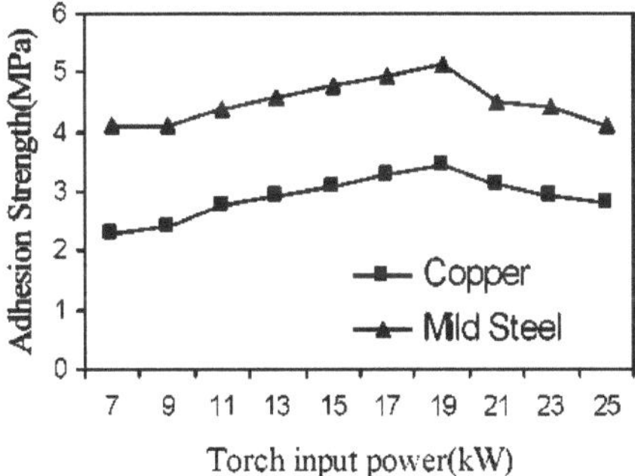

Fig.5.7 Valores previstos da força de aderência dos revestimentos de alumina-titânia em substratos de cobre e aço macio com diferentes potências de entrada da tocha.

A partir da figura, pode ser visualizado que a força de ligação da interface aumenta com a potência de entrada da tocha até um determinado nível de potência e, em seguida, mostra uma tendência decrescente na adesão do revestimento, independentemente do material do substrato. Isto pode dever-se ao facto de que, quando o nível de potência de funcionamento é aumentado, uma maior fração de partículas atinge o estado fundido e a velocidade das partículas também aumenta.

Por conseguinte, verifica-se uma melhor formação de salpicos e a interligação mecânica das partículas fundidas na superfície do substrato, o que conduz a um aumento da força de adesão [117]. Mas, a um nível de potência muito mais elevado, a quantidade de fragmentação e vaporização das partículas aumenta. Há também uma maior probabilidade de as partículas mais pequenas se desprenderem durante a travessia em voo durante a pulverização por plasma, o que resulta numa fraca força de adesão dos revestimentos.

A força de adesão do revestimento é maior no caso do substrato de aço macio do que no caso do substrato de cobre, o que pode dever-se à dependência da condutividade térmica da partícula fundida, à dissipação de calor na interface metálica e também à incompatibilidade do coeficiente de expansão térmica na interface metal-cerâmica [118].

5.4 OBSERVAÇÕES

Os revestimentos funcionais têm de cumprir vários requisitos. A menor taxa de desgaste por erosão é um dos principais requisitos dos revestimentos desenvolvidos por projeção de plasma. A erosão de partículas sólidas é considerada como um processo não linear no que respeita às suas variáveis: materiais ou condições de funcionamento.

Para atingir determinados valores de taxa de erosão de forma exacta e repetida, os parâmetros de influência do processo têm de ser controlados em conformidade. Uma vez que o número de tais parâmetros na pulverização por plasma é demasiado grande e as correlações parâmetro-propriedade nem sempre são conhecidas, podem ser utilizados métodos estatísticos para a identificação precisa de parâmetros de controlo significativos para otimização. A computação neuronal pode ser utilizada como uma ferramenta para processar dados muito vastos relacionados com um processo de pulverização, como a taxa de desgaste por erosão do revestimento e a força de adesão do revestimento, e para prever qualquer caraterística desejada do revestimento, a simulação pode ser alargada a um espaço de parâmetros maior do que o domínio da experimentação.

CAPÍTULO 6

CONCLUSÕES

As conclusões do presente trabalho são as seguintes:

- Os pós mistos de alumina e titânia de qualidade comercial na gama de tamanhos 40 a 100pm podem ser revestidos em substratos metálicos utilizando a técnica de projeção por plasma térmico. Os revestimentos feitos com alumina-titânia possuem características de revestimento desejáveis comparáveis às de outros revestimentos cerâmicos convencionais pulverizados por plasma.

- A espessura máxima do revestimento de ~ 200 mícrones em cobre e ~ 190 mícrones em substratos de aço macio é obtida com os revestimentos depositados a um nível de potência de 18 kW. Assim, é evidente que há um aumento da espessura do revestimento com o aumento da potência de entrada na tocha de plasma; até cerca de 18 kW e, depois, para potências de entrada mais elevadas, não se regista qualquer melhoria na espessura do revestimento. A espessura do revestimento é mais elevada no caso do cobre do que no caso do substrato de aço macio.

- A eficiência de deposição dos revestimentos de alumina-titânia varia entre 21,6% e 41,73% no caso do substrato de aço macio e entre 25,2% e 43,34% no caso do substrato de cobre. É interessante notar que a eficiência da deposição, em todos os casos, aumentou de forma gradual com o aumento da potência de entrada da tocha.

- A força de adesão do revestimento varia com a potência de funcionamento. A força de adesão máxima de 5,1 MPa num substrato de aço macio e de 3,5 MPa num substrato de cobre foi registada a 18 kW. Observa-se que, invariavelmente, em todos os casos, a força de ligação da interface aumenta com a potência de entrada da tocha até um determinado nível de potência ótimo e, em seguida, apresenta uma tendência decrescente. A aderência do revestimento é maior no caso do substrato de aço macio do que no caso do substrato de cobre.

- Observa-se que a fração volumétrica de porosidade destes revestimentos se situa no intervalo de ~ 4 a ~ 6 %. Os valores obtidos nos revestimentos objeto deste estudo estão bem dentro do intervalo aceitável para um revestimento de boa qualidade.

- As diferentes fases observadas nos estudos de XRD corroboram a observação de diferentes valores de dureza para diferentes fases opticamente distintas. Os valores elevados de dureza podem dever-se à presença de diferentes formas de fase (ou seja, transformações alotrópicas) da fase de alumina com elevado valor de dureza. Os valores baixos de dureza podem ser das fases de titânia.

- Devido às transformações de fase e à formação de inter-óxidos durante a pulverização por plasma a diferentes níveis de potência, observam-se alterações nas características do revestimento, como a dureza, etc.

- O nível de potência de funcionamento da tocha de plasma influencia em grande medida a força de adesão do revestimento, a eficiência da deposição, a espessura e a dureza do revestimento. A morfologia do revestimento é também largamente afetada pela potência de entrada da tocha.

- As microestruturas dos revestimentos dependem do nível de potência de funcionamento da tocha de plasma, das características físicas, como a porosidade do revestimento, e da formação de fases na matéria-prima durante a pulverização.

- Observa-se que a taxa de desgaste por erosão depende da dose do erodente, do ângulo de ataque, da velocidade do erodente, da distância de afastamento e do tamanho do erodente. A perda de massa cumulativa do revestimento varia com o tempo de erosão. A quantidade/taxa máxima de erosão ocorre num ângulo de impacto de 90^0 . A tendência de erosão dos revestimentos parece seguir o mecanismo previsto para materiais frágeis. O revestimento depositado a um nível de potência de 18 kW apresenta uma taxa de erosão mais elevada do que a da amostra depositada a um nível de potência de 11 kW.

- O comportamento ao desgaste por erosão é um dos principais requisitos dos revestimentos desenvolvidos por projeção de plasma para recomendar uma aplicação específica. Para obter uma taxa de desgaste por erosão adaptada com precisão e repetidamente, a influência dos parâmetros do processo deve ser controlada em conformidade. O revestimento suporta substancialmente a erosão por impacto de partículas sólidas e, por conseguinte, a alumina-titânia pode ser considerada como um potencial material de revestimento adequado para várias aplicações tribológicas.

- A velocidade de impacto, o ângulo de impacto, a distância de afastamento e o tamanho do erodente afectam significativamente a taxa de desgaste por erosão do revestimento. A identificação destes factores e da sua importância na taxa de desgaste por erosão do revestimento é possível através de técnicas estatísticas como o projeto experimental Taguchi. As redes neuronais artificiais podem ser utilizadas com vantagem para simular correlações entre propriedades e parâmetros num espaço maior do que o domínio experimental. A computação neural pode ser utilizada como uma ferramenta para analisar, otimizar e prever o comportamento da erosão e a força de adesão dos revestimentos. É evidente que, com uma escolha adequada das condições de processamento, é possível obter um revestimento cerâmico sólido e aderente utilizando alumina e titânia.

REFERÊNCIAS

1. Taylor R. - **"Thermal Plasma Processing of Materials"**- Power Beams and Materials Processing PBAMP 2002, Ed. A. K. Das et al., Allied Publishers Pvt. Ltd., Mumbai, Índia: 2002. pp.13-20 .

2. Bandopadhyaya P.P. - Processamento e caraterização de revestimentos cerâmicos pulverizados por plasma em substratos de aço - Tese de Doutoramento, IIT, Kharagpur, Índia (2000).

3. Pawlowski L. The science and engineering of thermal spray coatings. Nova Iorque, EUA: Wiley, 1995. p. 432.

4. Normand **B. , Fervel V., C. Coddet, Nikitine V.,** "Tribological properties of plasma sprayed **alumina-titania coatings: role and control of the microstructure"**. Surf. Coat.Technol. Volume123, (2000) :p.278.

5. **Fervel V., Normand B., Coddet C.,"** Tribological behavior of plasma sprayed Al O_{23} - **based cermet coatings."** Wear. Volume230, (1999): p.70.

6. Niemi K. , Vuoristo P. , Mantyla T., Lugscheider E., Knuuttila J., Jungklaus , in: Actas da 8ª Conferência Nacional de Pulverização Térmica, Houston, TX: 1995, p. 645.

7. Ramchandran K. e Selvarajan P. A., "In-flight particle behaviour and its effect on co-spraying of alumina-titania". Thin Solid Film. Volume 315, (1998): p.49.

8. Steffens H.D., Haumann D., Gramlich M., Wilden J., Wewel M., Hohle M., Nestler M.C. , em: Actas da 8ª Conferência Nacional de Pulverização Térmica, Houston, TX: 1995, p. 677.

9. Ramachandran K. , Selvarajan V. , Ananthapadmanabhan P. V. , Sreekumar K.P., **"Microstructure , adhesion, microhardness , abrasive wear** resistance and electrical resistivity of the plasma sprayed alumina and alumina-titania coatings. "Thin Solid Films .Volume 315, (1998): p. 144-152.

10. **R.B. Heiman,** "Plasma Spray Coating, Principle and Application", **VCH, Weinheim,** Alemanha, 1996.

11. **Edwards R., "Cutting Tools",** The Institute of Materials, Reino Unido, 1993.

12. Budinski K. G., Surface Engg. For Wear Resistance, N.J., USA:,1988.

13. Metco Plasma Spraying Manual, Metco, EUA: 1993.

14. Longo L. F., Thermal Spray Coatings, ASM, EUA: 1985.

15. Meringolo V., Thermal Spray Coating, Tappi Press, Atlanta, EUA: 1983.

16. Tape N. A., Baker E. A. e Jackson B. C. , Plating and Surface finishing, 1976, outubro, p. 30.

17. **Holm R., "The frictional force over the real area of Contact"**, Wiss. Vereoff. Siemens Werken, Volume17, No.4, (1938): p. 38-42.

18. **Ashby M. F. e Lim S. C., "Wear - mechanism maps".** Scripta Metallurgical et Materialia.Volume24, (1990): p. 805-810.

19. **Wang Y., lei T.C. e Gao C.Q.,'Influence of isothermal hardening** on the sliding wear **behaviour of 52100 bearing steel'.** Tribology International.Volumc 23,No.1,(1990): p.47-63.

20. **Soda N., 'Wear of some F.F.C metals during unlubricated sliding part-1.Effects of load, velocity and atmospheric pressure on wear'.** Wear. Volume33, (1975):p. 1-16.

21. **Burwell J.T. e Strang C.D, "Metallic wear",** Proc. Soc (Londres), 212A maio de 1953, p. 470-477.

22. **Burwell J.T. , "Survey of possible wear mechanisms".** Wear. Volume 1, (1957/58): p.119-141.

23. **K.H.Zumgahr,'Microstructure and wear of materials' Elsevier, Amesterdão ,1987.**

24. **P.L.Ko, "Metallic wear-a** review with special references to vibration-induced wear in **power plant components."** Tribology International. Volume 20, No. 1, (abril de 1987): p.66-78.

25. **Eyre L.S., "Wear Characteristics of metals".** Tribology International. (outubro de 1976):p. 203-212.

26. **Dowson, "Wear oh where".** Conferência Internacional sobre desgaste de materiais, Vancouver, Canadá, 14-18 de abril de 1985.

27. **Peterson.M. B, "Advanced in tribo-materials I Achievements in Tribology",Amer, Soc,** Mech. Eng., Volume 1, Nova Iorque, 1990, pp. 91-109.

28. **Blau J., "Fifty years of research on the wear of metals".** Tribology International. Volume 30, No.5, (1997): p. 321-331.

29. WangY., "Comportamento de desgaste por deslizamento de cerâmica, pulverizada por plasma em liga de alumínio fundido contra esfera de SiC Wear. Volume 161, (1993): p. 69.

30. Wang Y., Yuansheng J. e Shizhu W., "The tribological behaviour of various plasma- sprayed coatings against cast iron". Wear. Volume 128, (1988): p. 265.

31. **Jainjun W. e Qunji X.,** "Propriedades tribológicas de $FeCl_3$ - película de fricção de composto de intercalação de grafite sobre aço". Wear. Volume 162 ,(1993): p. 229.

32. **Lin J. F. e Li T. R.,** "Studies of Al O$_{23}$ (p)- 6061 Al composites under dry sliding conditions using scanning electron microscopy, energy-dispersive spectrometry and X- ray diffractometry. "Wear. Volume 160, (1990): **p.** 201.

33. **Ahn H.S. e Kwon O. K.,** "Classification of wear debris using a neural network". Wear.Volume 225, (1999): p. 814.

34. Jainjun W., Qunji X. e Huiling W., Wear. Volume 152, (1992) : p. 161.

35. L athabai S., Ottmuller M. , Fernandez I., "Solid particle erosion behaviour of thermal sprayed ceramic, metallic and polymer coatings". Wear. Volume 221, (1998): p. 93.

36. **Zhou L., Gao Y. M., Zhou J.E. , Zhou Q. D.,** "Corrosion wear behaviour of ion- implanted steel". Wear . Volume 176, (1994): p. 39.

37. **Ahn H. S. e Kwon O. K.,** "Wear behaviour of plasma-sprayed partially stabilized zirconia on a steel substrate" (Comportamento de desgaste da zircónia parcialmente estabilizada pulverizada por plasma num substrato de aço). Wear. Volume 162 - 164, (1993):p. 636.

38. Quinn T. F. J. e Winer W. O., "The thermal aspects of oxidational wear". Wear. Volume 102, (1985): p. 67.

39. Kim A. Y., Lim D. S. e Ahn H. S., J. Kor. Cer. Soc, Volume 30, (1993): p. 1059.

40. **Ahn H. S. , Kim J. Y. e Lim D. S.,** "A study on wear and erosion of sialon-Si N$_{34}$ whisker ceramic composites." Wear. Volume 203 - 204, (1997): p. 77.

41. **Fu Y., Batchelor A. W., Xing H. e Gu Y.,** "Mecanismos de falha da película de Inconel 718 nitretada por plasma". Wear. Volume 210, (1997): p. 157.

42. Sun Y., Li B., Yang D., Wang T., Sasaki Y. e Ishii K., Wear. Volume 215, (1998): p. 232.

43. Song Y. S., Han J. C. , Park M.H., Ro B.H., Lee K. H., Byun E. S., Sasaki S., Proc. 15th International Thermal Spray Conference, 25th - 29th May 1998 , France , pp. 225.

44. Mendelson M. I., Wear. Volume 50, (1978): p. 71.

45. Metco Technical Bulletin on TiO2, Metco Inc., NY, USA:,1971.

46. **Dai W. W., Ding C. X., Li J. F., Zhang Y.F. e Zhang P. Y.,** "Mecanismo de desgaste de um revestimento de TiO2 pulverizado por plasma contra aço inoxidável", Wear.Volume196, (1996):p. 238.

47. Suh N. P., **"The delamination theory of wear",** Wear. Volume 25, (1973): p. 111.

48. **H. So,** "O mecanismo do desgaste oxidativo". Wear. Volume 184, (1995): p. 161.

49. **Eyre T. S.," Effect of boronising on friction and wear of ferrous metals.",**Wear.Volume 34,(1975): p. 383.

50.   Halling, <u>Principles of Tribology,</u> The Mcmillan Press Ltd, NY, USA:, 1975.

51.   **Guilmad Y., Denape J. e Patil J. A.,** "Limiares de fricção e desgaste de pares de aço ao crómio e alumina que deslizam a alta velocidade em condições secas e húmidas". <u>Trib. Int.</u> Volume 26, (1993): p. 29.

52.   **M. G. Gee,** "A formação de hidróxido de alumínio no desgaste por deslizamento da alumina". <u>Wear.</u> Volume 153, (1992): p. 201.

53.   Mcpherson R., <u>J. Mat. Sc.</u>, Volume 8, (1973) : p. 859.

54.   Mcpherson R., <u>J. Mat. Sc.</u>, Volume 15, (1980) : p. 3141.

55.   Lopez A. R. D. A ., Faber K. T. , <u>J. Am. Cer. Soc.,</u> Volume 82, No.8, (1999): p. 2204.

56.   Ono H., Teramoto T. e Shinoda T., <u>Mat and Mfg. Processes.</u> Volume 8(4&5), (1993): pp.451.

57.   Musikant S., What Every Engineer Should Know About Ceramics, Marcell Dekker Inc, NY, USA:. 1991.

58.   Wahi R. P. e Lischner B., <u>J. Material Science.</u> Volume 15, (1980): p. 875.

59.   Yamamota T., Olsson M. ,Hogmark S., "Wear mechanisms and tribo mapping of Al O$_{23}$ and SiC in dry sliding". <u>Wear.</u> Volume 174,(1994): p. 21.

60.   Hailing, <u>Principles of Tribology,</u> The Mcmillan Press Ltd, NY, USA:, 1975.

61.   Guilmad Y., Denape J. e Patil J. A., "Limiares de fricção e desgaste de pares de aço ao crómio e alumina que deslizam a alta velocidade em condições secas e húmidas". <u>Trib. Int.</u> Volume 26,(1993): p. 29.

62.   Ramachandran K., Selvarajan V., Ananthapadmanabhan P. V., Sreekumar K.P. **"Microestrutura, adesão, microdureza,** resistência ao desgaste abrasivo dos **revestimentos de** alumina e **alumina-titânia** pulverizados por plasma". <u>Thin solid film.</u> Volume315, (1998): p. 144-152.

63.   **Krishnakumar V. e Swamamani S., "Tribological Behaiour of plasma sprayed AI2O3** and TiO$_2$ **ceramic hard coating under dry contact. "IIT Madras, Departamento de** Mecânica **Aplicada,** (1996).

64.   **Westergard R., Axen N., Wiklund U., Hogmark S., "An evaluation of plasma sprayed** ceramic coatings by **erosion, abrasion testing."** <u>Wear.</u> Volume 246, (2000): p.12-19.

65.   **Normand B., Fervel V., Coddet C. , Nikitine V., "Tribological properties of plasma** sprayed **alumina-titania coatings:role and control of the microstructure."** su rface and coatings technology.Volume123, (2000): p.278-287.

66.   **Vijayakumar K., Sharma Apurbba Kr., Mayuram M.M., Krishnamurthy R., "Response** of plasma sprayed alumina - titania ceramic composite to high frequency impact loading. "<u>Materials letters.</u> Volume 56, (2002): p. 252-262.

67.   Ananthapadmanabhana P. V. , Thiyagarajana T.K., Sreekumara K. P., Satputea R.U., **Venkatramania N., Ramachandran. K.,** "Co-spraying of alumina- titania: correlation of **coating composition and**

properties with particle behaviour in the plasma jet." Surface and coatings technology.Volume168, (2003): p.231-240.

68. **Bounazef Mokhtar,Guessasma Sofiane, Montavon Ghislain,Coddet Christian /'Effect of** APS process parameters on wear behaviour of alumina - **titania coatings."** Materials Letters. Volume 58,(2004): p. 2451-2455.

69. **Xinhua Lin, Yi Zeng, Xiaming Zhou, Chuanxian Ding," Microstructure of alumina/3wt.% titania coatings by plasma spraying with nanostructured powders."** Materials science and engineering.Volume357, (2003): p. 228-234.

70. **Sofiane Guessasma a, Mokhtar Bounazef b, Philippe Nardin c, Tahar Sahraoui, "Nota** sobre os parâmetros do ensaio POD para estudar o comportamento ao desgaste de **revestimentos** de **alumina-titânia."** ceramics International. Volume52, (2006): **p.** 13-19.

71. **Okumus S. Cem,** "Caracterização microestrutural e mecânica do **revestimento cerâmico compósito** Al2O3 - TiO$_2$ pulverizado por plasma **em substratos de ferro fundido Mo** *I.***"** materials Letters. Volume59, (2005): p. 2314-3220.

72. Habib K . A. , Saura J. J , Ferrer C. , Damra M. S. , Gimenez E. , Cabedo L., "Comparação de revestimentos de Al2O3 / TiO2 pulverizados por chama: A sua microestrutura, **propriedades mecânicas e comportamento tribológico. "**surface and coatings technology. 2006.

73. Zhang Tiancheng , Luo Yichun , **Li D.Y. , "Comportamento de erosão do revestimento de alumineto modificado com adição de ítrio em diferentes condições de erosão".** Tecnologia de Superfícies e Revestimentos. Volume126, (2000):p.102-109.

74. **Herman H., Sampath S., em: K.H. Stem (Ed.), "Thermal Spray Coatings",** Metallurgical and Ceramic Protective Coatings, Chapman and Hall, Londres, Reino Unido, 1996, p. 261.

75. **Mishra S.B., Chandra K., Prakash S. , Venkataraman B. , "Characterisation and erosion** Behaviour of a plasma sprayed Ni$_3$ Al Coating on a Fe-based superalloy". Materials Letters. Volume59, (2005): p.3694 - 3698.

76. Westergard R., Erickson L. C., Axen N., Hawthorne H. M. , Hogmark S., Tribol. Int.Volume 31, No.5, (1998):p. 271.

77. **Pfender E.,** "Fundamental studies associated with the plasma spray process". Surf, Coat. Technol. ,Volume34 (1988) :p.1.

78. O. Knotek , em: R.F. Bhushah (Ed.) , Handbook of Hard Coatings Deposition Technologies, Properties and Applications, 2001, p.92.

79. **Guo D.Z., Li F.L., Wang J.Y., Sun J.S.,** "Effects of post-coating processing on structure and erosive wear characteristics of flame and plasma spray coatings". Surf, Coat. Technol. ,Volume73, (1995):p. 73.

80. Restall J. E., Proc. 3rd Conf. on G as Turbine Materials in a Marine Environment, Bath, 1976, Ministério da Defesa, Londres, Sessão V, Documento 10.

81. Galsworthy J. C., Restall J. E. e Booth G. C., Brunetaud in R., Coutsouradis D., Gibbons T. B., Lindblom Y., Meadowcroft D. B. e Stickler R. (eds.), <u>Proc. Conf.on High Temperature Alloys for Gas Turbines,</u> Liege, 4 - 6 de outubro de 1982, Reidel, Dordrecht, p. 207.

82. Kosel T.H. (Ed.), <u>Friction, Lubrication and Wear Technology,</u> ASM Handbook, Volume 18, (1992): p. 199.

83. **Tabakoff W.,** "Erosion resistance of superalloys and different coatings exposed to particulate flows at high temperature" (Resistência à erosão de superligas e diferentes revestimentos expostos a fluxos de partículas a alta temperatura). <u>Surf, Coat. Technol. ,</u>Volume 120- 121, (1999): p.542.

84. Levy **A.V.,** "The erosion of carbide-metal composites", <u>Surf, Coat. Technol.</u> ,Volume36, (1988):p. 387.

85. Shipway P.H., Hutchings I.M., "Measurement of coating durability by s olid particle Erosion.", <u>Surf. Coat. Technol.</u>, Volume 71, (1995): p. 1.

86. Brunton J.H., Rochester M.C., Erosion of solid surfaces by the impact of liquid drops, in: C.M. Preece (Ed.), <u>Erosion, Treatise on Materials Science and Technology,</u> Volume 16, Academic Press, New York, 1979, p. 185-248.

87. **Lesser M.B., Field J.E., "The impact of compressible liquids" (O impacto de líquidos compressíveis).** <u>Ann. Rev.Fluid Mech.</u> Volume15 (1983):p. 97-122.

88. Field J.E., conferência ELSI: palestra convidada - **"impacto líquido: teoria, experiência, aplicações".** <u>Wear.</u>Volume233-235, (1999): p. 1-12.

89. **Lee M.K., Kim W. W., Rhee C.K., Lee W.J., "Mecanismo de erosão por impacto de líquido** e análise teórica da tensão de impacto em **materiais de** lâminas de turbinas a vapor revestidos a TiN". <u>Metal. Mater. Trans.</u> VolumeA 30 (1999) : p.961-968.

90. Angle P. A. Impact Wear of Materials, (Elsevier; Nova Iorque, 1976).

91. Tucker R.C. Jr., <u>On the relationship between the microstructure and the wear characterstics of selected thermal spray coatings.</u> Procedimentos do ITSC, Kobe, Japão, 1995, pp. 477 - 482.

92. Alonso F., Fagoaga I. e Oregui P. - **"Proteção contra a erosão de compósitos de carbono -** epóxi **por revestimentos pulverizados a plasma".** <u>Suface & Coatings Technology.</u> Volume 49, Números 1 - 3, 10 de dezembro, (1991)**: p.**482 - 488.

93. Tabakoff W., Shanov. V. -- **"Teste da taxa de erosão a alta temperatura, para** utilização em **turbo-máquinas".** <u>Tecnologias de Superfície e Revestimentos.</u> Volume 76 - 77, Parte I, Nov (1995), p. 75 - 80.

94. Hawthrone F. M, Erickson **L. C., Ross D., Tan H. e Trockzynsko T.,** "The microstructural dependence of wear and indentation behaviour of some plasma- sprayed alumina coatings". <u>Wear.</u>Volume203 - 204, (1997)**: p.** 709.

95. Zhang X. S., Clyne T. W. e Hutchings I. M., <u>Surf, Engg.</u>, Volume 13, No.5, (1997): p.393.

96. Roberto Jose, Branco Tavares, Gansert Robert , Sampath Sanjay , Christopher C. Berndt , Herman Herbert **Solid Particle Erosion of Plasma Sprayed Ceramic Coatings.** "Materials Research. Volume 7, No.1. (2004): p. 147-153.

97. Wrigren J., Surf, Coat. Tech. Volume 45, (1991): p. 263.

98. Nicholas M. G. e Scott K. T., Surfacing Journal. Volume 12,(1981): p.5.

99. **Funk W. Goebe F.,"** Otimização da resistência da ligação de camadas de Cr2O3 pulverizadas por plasma através de experiências factoriais de dois níveis." Thin Solid Film. Volume128, (1985): p. 45.

100. Wielage B., Hofmann V., Steinhauser A. , Zimmerman G., Wear. Volume 14, No.2, (1998): P.136.

101. Lee N. Y., Stinton D. P., Brandt C. C., Erdogan F., Lee Y. D. e Mutasim Z., J.Am. Cer. Soc., Volume 79,No.12, (1996): P. 3003.

102. Metco Plasma Spraying Manual, 1993, Metco, EUA.

103. Nash A.R., Weare N. E. e Walker D. L., julho, J. Metals. julho, 1961, p. 473.

104. Ramchandran K. e Selvarajan P. A., Thin Solid Film. Volume 315,**(1998): p. 149.**

105. Ingham H. S. e Fabel A. J., Welding Journal. (fevereiro, 1975): p. 101.

106. Hennaut J., Othmezouri J. e Charlier J., Mat. Sc and Tech, Volume11,(1995): p. 174.

107. **Elvers B., Hawkins S. e Schultz G. (eds), Ulhmann's Encyclopedia of** Industrial Chemistry, Volume 1/16, VCH, (1990): p. 433.

108. **Chen H., Lee S.W., Du Hao, Ding Chuan X e Cho Chui Ho; "Influência do material de alimentação** e **dos** parâmetros de pulverização na eficiência da deposição e na microdureza dos **revestimentos de zircónia** pulverizados por plasma". -- Materials Letter. Volume 58, Números 7 - 8, (março 2004): p.241 - 1245.

109. Wojnar L., Image Analysis Applications In Materials Engineering, CRC Press, Boca Raton, 1999.

110. Cullity B.D., Elements of X-Ray Diffraction, Addition-Wasley, Reading, MA, 1972, p.102.

111. Venkataraman B. - Evaluation of Tribological Coatings - Proc. of DAE-BRNS Workshop on Plasma Surface Engineering, BARC, Mumbai, (setembro de 2004):, p. 217 - 235.

112. Nicholls J.R. , Deakin M.J. , Rickerby **D . S. ,** " A comparison between the erosion behaviour of thermal spray and electron beam physical vapour deposition thermal barrier coatings." Wear. Volume 233-235, (1999):p.352-361.

113. **Mishra S.B. , Chandra K. , Prakash S., Venkataraman B.,** " Characterisation and erosion behaviour of a plasma sprayed **Ni3Al coating** on a **Fe-based superalloy."** Materials Letters. Volume59, (2005):p. 3694 - 3698.

114. Lalleman G . - **Tallaron, "Estudo da microestrutura e da adesão de revestimentos de espinelas formados por projeção de plasma", Tese de doutoramento nº 96 - 58 (1996) E.C. Lyon,** França.

115. **Mishra S. C., Rout K. C., Ananthapadmanabhan P. V. e Mills B., "Plasma Spray** Coating of Fly Ash Pre-Mixed with Aluminium Powder Deposited on Metal **Substrates.",** J. Material Processing Technology, Volume 102, 1 - 3 ,(2000): p. 9 - 13.

116.   Lima C.R.C., Trevisan R.E., J.Themal Spray Tech, Volume 62,(1997): p. 199.

117.   Hailing, Principles of Tribology, The Mcmillan Press Ltd, NY, USA, 1975.

118. Guilmad Y., Denape J. e **Patit J . A.; "Limiares de atrito e desgaste de** pares de aço alumina-crómio que deslizam a alta velocidade em condições secas e húmidas; Trib.Int. Volume 26, (1993): p. 29-39.

119. PawlowskiLech   - A ciência e a engenharia da projeção térmica. Coatings, JohnWiley & Sons, Nova Iorque (1995): p.218.

120. Kitamura Toshihiro, Shibata Kiyoshi, e Takeda Koichi. Redução em voo de Fe O_{23} ,Cr O_{23} ,TiO_2 e Al O_{23} por plasma Ar-H2,Advanced Materials& Technology Research Laboratories, NIPPON STEEL CORPORATION, 1618 Ida, Nakahara Ku,KAWASAKI211,JAPAN.

121. Taylor Patrick R. e Pirzada Shahid A., Síntese de pós de carboneto cerâmico num reator de plasma térmico de arco não transferido. Faculdade de Minas, Universidade de Idaho, Moscovo, Idaho 83843.

122. Roberto José, Branco Tavares, Gansert Robert, Sampath Sanjay, Berndt Christopher C., Herman Herbert, **"Solid Particle Erosion of Plasma Sprayed Ceramic Coatings".** Materials Research. Volume 7, No. 1, (2004): p.147-153.

123. Erickson L.C., Westergard R., Wiklund U., Hawthorne H.M., Axen N., Hogmark S., **"Cohesion in plasma sprayed coatings - a comparison between evaluation methods."** Wear.Volume214, (1998):p. 30-37.

124. **Levy A. V., "The erosion corrosion behavior of protective coatings".** Surf, and Coating Technology. Volume36, (1988): p. 387 - 406.

125. **revestimentos** de diamante depositados **em carboneto cimentado".** Wear . Volume177,(1994): p.159-165.

126. Bayer G. -Mechanical Wear Prediction and Prevention - Marcel Dekkar, Inc., Nova Iorque (1994): p. 396.

127. Lathabai S. , Ottmuller M., Fernandez I. , **"Solid particle erosion behaviour of thermal sprayed ceramic, metallic and polymer r coatmgs. "** Wear.**Volume 221,(1998):** p.93-108.

128. **Shanov V., Tabakoff W. e Metwally M., "Erosive wear of CVD ceramic coatings exposed to particulate flow".** Tecnologia de Superfícies e Revestimentos. Volume 54/55, (1992):p. 25-31.

129. Li Chang-Jiu, Yang Guan-Jun, **Ohmori Akira, "Relationship between particle** erosion and lamellar microstructure for plasma- sprayed alumina coatings." Wear. Volume 260, (2006) : p.1166-1172.

130. **Westergard R., Axen N., Wiklund U., Hogmark S.,** "Avaliação de **revestimentos cerâmicos** pulverizados por plasma **através de ensaios de erosão, abrasão e flexão".** Wear. Volume 246 (2000): p. 12-19.

131. e/ relações de propriedades em **WC-Co** sinterizado e pulverizado termicamente". J. Thermal Spray Technol. Volume 1, (1992): p. 307- 315.

132. **Hawthorne H. M., Erickson L. C. , Ross D. , Tai H., Troczynski T.,** "The Microstructural dependence of wear and indentation behaviour of some plasma **sprayed alumina coatings".** Wear.Volume 203/204 ,(1997):p. 709-714.

133. **Sampath S.,** "Efeitos da temperatura do substrato na formação de salpicos, desenvolvimento de microestruturas e propriedades de revestimentos pulverizados por plasma Parte I: Estudo de caso para zircónia parcialmente estabilizada", er. Sci. Eng. ,VolumeA 167, (1993):p. 1.

134. **Westergard R., Erickson L.C., Axen N., Hawthorne H.M., Hogmark S.,** "The erosion and abrasion characteristics of alumina coatings plasma sprayed under different spraying conditions.", Tribol. Int. Volume31,No.5, (1998):p. 271.

135. Berger L. M., Hermal W., Vuoristo P., Mantyla T., Lengaure W., Ettmayer P., **"Structure,Properties** and Potentials of WC - CO, Cr C_{32} - NiCr and TiC - Ni Based Hard metal like Coatings - Proceedings of the 9th National Thermal Spray Conference, CC. Berndt (Ed.), Publicado por ASM International USA, (1996).

136. Padmanabhan P.V.A., Thiyagarajan T.K., **Sreekumar K.P., Venkatramani N.;** "-flight particle behaviour and its effect on co-spraying of alumina-titania. "Scripta Materialia. Volume50, (2004):p. 143-147.

137. Vardelle A., Vardellet M., Pherson R. Mc., Fanchais P. - Proc. of 9th National Themal Spray Conference, (1980): p.155.

138. Pawlowski Lech - The Science and Engineering of Themal Spray Coatings, John Wiley & Sons, New York (1995): p. 235.

139. Johner H., Wilms V., Schweltzer K. K., Adam P. **Experimental** and Theoritical Aspects of Thick Themal Barrier Coatings for Turbine **Applications".** - Thermal Spray: Advances in Coatings Technology , David L. Houck (Ed.) Publicado por ASM Int. USA (1987): p.155- 166.

140. Bayer R. G. , Mechanical Wear Prediction and Prevention - Marcel Dekkar,Inc., New York (1994): p. 395.

141. Arata Y., Ohmori A., Li Chang Jiu - Propriedades fundamentais do ACT - 5P (Arata Coating Test with Jet Particles) - Themal Spray : Advances in Coatings Technology, David L. Houck (Ed.), Publicado por ASM International, USA (1987): p. 79 - 83.

142. Roberto José, Branco Tavares, Gansert Robert, Sampath Sanjay, Berndt Christopher , Herman Herbert - **"Solid Particle Erosion of Plasma Sprayed Ceramic Coatings".** Materials Research. ,Volume7, No.1,(2004): p.147-153.

143. Sahin Y., "The Prediction of Wear Resistance Model for The Metal Matrix Composites." <u>Wear</u> .Volume 258, (2005): p. 1717-1722.

144. Rajasekaran S., Vijayalakshmi Pai G. A., 2003,--Neural Networks, <u>Fuzzy Logic And Genetic Algorithms-Synthesis and Applications</u> - Prentice Hall of India Pvt. Ltd., New Delhi.

145. Zhang Z., Friedrich K., <u>Artificial neural network applied to polymer composites: a review,</u> Comp. Sci. Technol., no prelo.

146. Rao V. e Rao H., 2000, **"C++ Neural Networks and Fuzzy Systems", BPB** Publications.